物理学実験

室蘭工業大学物理学実験担当グループ 編

学術図書出版社

目次

B 実験項目群　　103

第 I 部

総論

第1章

物理実験の心得

1.1 実験の目的

　これから行う実験は,「学習実験」といわれるものであり, その目的は, ① 物理学の講義で学習した内容を実地に学んでその知識を確実にすること, ② 測定の技術を習得し工学へ興味を抱くことにある。この物理学実験では, 良い実験結果を得ることだけではなく, 実験に取り組む姿勢や測定原理, 実験方法を学ぶことにも重点をおいている。したがって, 実験に際しては, 実験操作と測定値の取り扱いに十分留意することが大切であり, 結果を求めることだけにあせってはならない。また, 結果が予想される値と大きく異なるような場合でも, 短絡的に実験が失敗と考えるのではなく, なぜそのような結果になったかの原因を追究することが大切である。

1.2 実験に関する予備知識

　実験の題目は前もって与えられているから, 実験を行うまでに題目に関連する現象, 実験に関係する原理, 実験器具の性質, 実験方法などについて十分に予備知識をもっておくことが大切である。その上で, 教科書に沿って注意を払いながら, 順序よく実験を進める。自発的な学習を怠って予備知識なしにただ教科書に従って行うのみでは, 実験の効果は零に等しい。そこで, 本実験では, 上記のことの一助とするために, 実験開始前の指定時間までに, その実験に関する**実験計画書**を各自で作成して提出することとする。実験計画書の作成要領および提出場所・期限については, 1.8 節 3 および 1.9 節を見よ。

1.3 使用器械に対する注意

　測定器械についても, あらかじめその構造, 原理, 使用法などをひととおりわきまえてから使用することが大切である。何も知らないまま不用意に器械にさわることは絶対にやってはいけない。器械によっては, 使用前に正しい使用状態になるよう調節を行う必要があるものもある。精密な器械ほど綿密な調節が必要で, 調節せずに使用しては結果は無意味になる。また, 測定の精度に応じて, それぞれに適した器械を選択して使用することも大切であり, なんでも精密なものを使えばよいという考えは誤りである。全体にわたってバランスのとれた測定を行い, 誤差評価を学びながら考えるよう心掛けるべきである。また, 作業がスムーズに行えるように器械の配置などにも十分注意した上で行う。器械は壊れても自ら回復する能力がないので, その取り扱いには慎重を要する。不注意で無用な取り扱いによってその性能が損われないよう十分注意する。

1.4 測定の心構え

　測定に際しては, どんなに容易に思えることであっても細心の注意を払い, 主観をできるだけ少なくして忠実・公平に観測を行うことが大切である。そして, どのような場合でも, その観測が最後であり, それによって最良の結果を得るという心構えで行う。また, 系統誤差を持ち込まない測定を心掛けるべきである。結果を予想して測定値を無理にそれに一致させたり, 失敗したらやりなおせばよいという考えでは, とうていよい結果は望めない。測定

値は測定のつどそのまま記録していくことが大切であり，グラフが必要なときには測定と同時にグラフをプロットしていくことも大切である。いくつかを記憶しておいてまとめて記録しようとか，簡単な計算だから頭の中でやってその結果だけを記録しようとするのは誤りである (たとえば，零点の補正，径を測って半径を出すことなど)。

　共同実験では，多くの場合，ひとりは観測者となり，他の者は記録者となって共同し，交互に交代して作業することになる。その際，記録者も観測者と同様にきわめて慎重に観測結果を記録し，観測者に対して忠実な協力者，また時には助言者としての役目を果すことが大切である。

1.5　実験ノートと実験レポート

　本実験では，実験終了後に，実験レポートを提出することとする。この実験レポート作成にあたって大切と思われる点を以下に述べる (1.8 節 4. も併せて見よ)。

　実験を行う際には，実験ノートを各自が事前に準備し，さらに提出用の実験レポート用紙 (A4) も各自が用意する。その他の方眼紙，定規，理科年表などは必要に応じて実験室備え付けのものを使用する。関数電卓は各自で用意することが望ましい。

　実験ノートには，最初に，①実験題目，②気象情報 (日付，天気，室温，湿度，気圧など)，③実験者 (学科名，学年，班名，学生番号，氏名など) を記載する。気象情報には測定した時間も一緒に記載すること。これらの記述の後に，実験条件や測定値を記録していく。使用器械およびその番号なども記入し，測定値は生のままを全てもらさず記録する。また，一連のデータはなるべく一目で全体が見通せるように，あらかじめ配列などを考えておいて順々に記録する (表の形式にすると見やすい。実験の各論の中にデータを表の形で整理する場合の例がある)。付帯する事項は，データの所に記入すると見にくくなるから，たとえばデータの所には符号か番号などを小さくつけておいて，別の個所に書いておくなど工夫するとよい。実験に関係すると思われる事柄は，どんなにつまらなそうに思われることでも記録に残しておく。

　実験ノートの書き方には特に定まった規則があるわけではない。各人の考えで工夫して書けばよい。たとえば，ノートの片面に題目から始めて必要事項を書き，その下にデータを見やすく，順序よく記入し，データについての覚書きなどはその部分に符号などをつけて，別の片面に記入するような書き方もある。平均を出す計算もデータを記したのとは別の片面で行い，データを記した片面には，そのまとめとして平均値を記入しておけば見やすい。データとその各々の平均が得られたなら，その下に結果を求める公式と，それに上の平均値を代入した式とを書く。計算式が複雑な場合には，別の片面にどの部分の計算がどこでなされたかが後でもすぐわかるように工夫して計算式を書いておく。その結果をデータなどを記した面に記入する。結果を書く際には，有効桁数 (有効数字の桁数) と単位とに十分注意する。実験の検討などの「あとがき」はどちらかの面の余白に記しておけばよい。以上は実験ノートの使い方の一例で，必ずしもこのようにする必要はなく，たとえば，実験ノートを上下に仕切って，上にデータなど，下に計算などを記してもかまわない。実験ノートは誰が見ても見やすく，そこから正しい知識が得られるようになっていればよい。そのような工夫によって時間と労力の経済になる。したがって，表面にデータをとり，裏面に計算を行うなどするのはあまりよい実験ノートのあり方ではない。実験ノートがきたなくなるのを恐れて別の紙にデータをとり，後で写す学生がいるが，これは時間の無駄であるばかりでなく，写し間違えなどにより生データではなくなってしまうおそれがある。始めから実験ノートだけですべてを済ます習慣をつけることが特に大切である。また，実験ノートには決して消しゴムを用いない。これは，どんな間違えやおかしいと思われることでも，それはデータの一部であり，後で検討する際に意味をもつ場合があるからである。どうしても消したいときには，前に書いた字が読めるように 1 本の線または「かけ印 (×)」などで消しておく。

　実験レポートは実験ノートの内容をもとに次のように書く。指定の表紙をつけ，①実験題目，②気象情報 (日付，天気，室温，湿度，気圧など)，③実験者 (学科名，学年，班名，学生番号，氏名など) を表紙の所定の箇所に書く。表紙のあとのページには，原則として①目的，②理論，③装置，④方法の概略，⑤測定結果 (測定値，計算過程，解析結果など)，⑥考察 (問がある場合にはそれに対する解答も含む)，⑦実験後記をこの順に見やすく整理して書く。ただし，①〜④については実験計画書に同様な内容が記述されているので，実験計画書をレポート中の①〜④の部分に綴じることで，①〜④を省略することができる (提出した実験計画書は，実験時間内に返却される)。

レポートは，実験に関する報告書であり，見やすく整理された状態で作成しなければならない。単に測定値や計算式，計算結果などの羅列ではなく，それらについて文章で説明するよう心がける。特に考察では，得られた結果を理科年表などと単純に比較するだけでなく，批判的な観点からデータの特徴などを記述する。実験中に気がついた事柄や疑問点などがあれば，それらについても書いた方がよい。最後に感想 (実験後記) を述べる。計算過程の記述は，どの部分の計算をどこで行ったかをはっきりさせながら，順序よく書いておく。これにより，結果を再検討する際，時間と労力とを大幅に省くことができる。レポートは，実験時間内に作成 (2〜3 名 1 組の班で 1 部) し，教員のチェックを受けて提出すること。実験時間中に作成できないときは，指定の期限までにレポートボックスに必ず提出する。

1.6 実験終了時における整理

実験終了後は必ず後片付けをする。実験机や装置，器械などは，次回に別の学生が使用するので，必ず使用する前の状態に戻す。ゴミ (紙や消しゴムのカス) を捨て，天秤の上の分銅や物，容器内の液体，リード線，火気，電源などの後始末をしっかり行う。また別の所から借り出した器械は，運搬のときの取り扱いに十分注意し，必ずもとの所に返却する。また器械類で実験前と異なった状態 (破損，消耗など) になっているのに気付いたときは，そのままにしないで必ず届け出て，後の実験に支障をきたさないようにしなければならない。

1.7 成績の評価

実験成績の評価は，基礎測定レポート，実験計画書，実験レポートに基づいて行う。実験法 2(基礎測定) でのレポートを 0 点または +1 点で評価する (基礎測定評価点)。実験計画書は，その内容により 0 点または −1 点で評価し，未提出の場合には −2 点とする (実験計画書点)。実験レポートは，内容により +4〜−5 点で評価し，欠席および未提出の場合には −6 点とする (レポート評価点)。実験計画書および実験レポートの提出期限に遅れた者については，その理由の如何に拘わらず，未提出または欠席扱いとする。評価の基礎点を 75 点とし，これに基礎測定評価点，実験計画書点，レポート評価点とを加えた合計を評価点とし，学期修了時点で評価点が 60 点以上の場合に合格とする。なお，履修態度に問題がある場合は減点となるので注意すること。

ガイダンスを含め，4 回以上の欠席がある者については履修と認めず，再履修とする。欠席 3 回以内の者については場合によって追加実験を 1 回行いその評価点を加えた後に成績判定をする。追加実験の実施時期により，成績報告が通常よりも遅れる場合がある。最終的な成績 (評価点) が 60 点未満の者は不合格とし，再履修とする。

1.8 実験実施にあたっての具体的な注意

1. 実験開始〜終了時刻は，昼間コースでは 12：55〜16：05，または，14:35〜17:45，夜間主コースでは 17：00〜20：10 である。
2. 実験項目は，①共通実験項目群，②A 実験項目群，③B 実験項目群の 3 群に分かれている。
   (a) 共通実験項目群の実験項目は，基本的に全員が行うものである。
   (b) A および B 実験項目群は実験の性質や内容などで分類したものであり，どちらかの実験項目群の中で指定された実験項目について実験を行う。
3. 実験計画書は，指定された日時に指定された方法で提出すること。具体的な日時や方法は，ガイダンス時に案内する。
   (a) 作成に当たっては，事前に配布した所定の用紙を用いる。
   (b) 当日の実験課題について，「目的，理論，方法」などの概要を整理して記載する。なお，予習にあたっては，問についても勉強しておくこと。実験の際に問について確認する場合がある。
   (c) 実験計画書未提出の場合には減点となる (1.7 節参照)。
   (d) 提出期限に遅れた場合には未提出扱いとする (1.7 節参照)。
4. 実験レポートは，実験当日，最初に指定された 2〜3 名 1 組の 1 班で一部作成し，実験担当教員のチェック

を受け，その場で提出する。

(a) 作成に当たっては，各自が事前に用意した A4 サイズのレポート用紙を使用し，必ず指定の表紙をつける (表紙は実験当日に配布する)。

(b) 表紙には，①実験題目，②気象情報 (日付，天気，室温，湿度，気圧など)，③実験者 (学科名，学年，班名 (A, B, C, D など)，学生番号，氏名) など を記載する。

(c) 2 ページ目以降の本文 (レポート用紙) は，すでに記したように，原則として①目的，②測定原理，③装置，④方法の概略，⑤測定結果 (測定値，計算過程，解析結果など)，⑥考察 (問がある場合にはそれに対する解答も含む)，⑦実験後記の順に記述する。ただし，①～④については，実験時間内に返却される実験計画書で置き換えることができる。その場合，表紙，実験計画書 (原則，班の人数分)，⑤～⑦ の順に並べ，ホチキスで綴じること。なお，レポートは，表やグラフなどを除き，原則手書きとする。

(d) 実験日当日に提出できない場合には，実験日を含めて 3 日以内に提出すること。この場合には，当日担当教員にデータなどのチェックを受け，測定に誤りがないことを確認してから退出すること。

   提出場所：実験室前にある自学科のレポートボックス

5. 実験結果の整理および解析には，表計算ソフト EXCEL を活用するのが望ましい。EXCEL で作成した表やグラフを印刷する場合には，プレビュー画面で必ず確認すること。

6. 実験室は土足厳禁であり，上履きを必ず用意すること。履物は実験室前の廊下で履き替え，外靴は各自の番号のロッカーに入れておく。

7. 帽子やコートなどは実験台の上に載せない (入り口付近のハンガーを利用すること)。

8. 実験室内での飲食は厳禁である。

9. その他，実験室内でやってはいけないことを各自，常識で判断すること。

10. 実験終了後は，使用した器具，装置などを整理整頓 (後片付け) し，破損した場合は申し出る。椅子は実験机の下にしまい，他の実験中の者の邪魔にならないよう速やかに退出する。

11. 上記の事項に反した者についてはそれ以後の実験を認めないことがある。

1.9　実験準備からレポート提出までの流れ

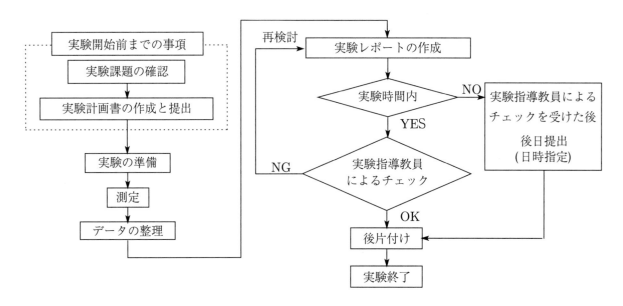

図 1.1　レポート提出までの実験の流れ

第 2 章

測定値と誤差およびその取り扱い方

2.1 測定値

測定とは，ある量を，基準として用いる量 (単位) と比較し，数値または符号を用いて表すことをいう。測定に当たっては，必ず測定器械，すなわち単位を示す目盛または単位と関係のある目盛を施した器械を使用し，できるだけ正確に行わなければならない。測定の結果得られた数値，すなわち測定した量が単位の何倍であるかを表す数値を測定値という。測定値には必ずその単位をつけ，測定結果は測定値とその単位とで表す。

2.2 誤差

測定には常に誤差がつきまとうものである。実験の方法や測定器具の不完全によるもの (系統誤差)，過失によるもの (過失誤差) などを除いても，どうしても避けることのできない誤差がある。このような誤差を偶然誤差という。また測定者の判断力には限度があるから，同じ条件の下で測定を繰り返しても，そのたびごとに測定値に多少の違いが生じる。したがって，測定値は絶対的に正しいものではなく，測られる量の真の値とは異なるものである。では真の値とは何であろうか？　これは非常に難しい問題であり，またそれを明確に知ることも困難である。測定された物理量として扱われる値は，ある仮定の下に推測されたものである。すなわち，われわれが実測を行うごとに得られる測定値は，実測ごとに異なる。結局

$$実測値 - 真値 (ある仮定のもとに推測されるもの) = 誤差 \tag{2.1}$$

として誤差が定義される。測定の結果から真値を推測するためには，必然的に入ってくる偶然誤差の法則を知り，これを考慮することによって測定値から導く方法を考えなければならない。

2.3 平均値

どのように注意しても偶然誤差は避けられないから，ただ 1 回の観測で得た測定値には信用がおけない。そこで，同じ条件の下で何回も測定を繰り返し，これらの測定値の平均値を求めるのが普通である。直接測定の場合には，平均値を求めることが最も確からしい値 (最確値) を求めることになる。たとえば，n 回の測定を行って測定値 $q_1, q_2, \cdots, q_n$ を得たときには，平均値

$$\overline{q} = \frac{q_1 + q_2 + \cdots + q_n}{n} = \frac{\sum q_i}{n} \tag{2.2}$$

を求めることが最確値 (真の値に近い値) を求めることになる。

この測定値の平均値 $\overline{q}$ が，測定回数を増やしたときに，真の値に近づくようすを見てみよう。いま仮に，真の値を q とし，各測定値の誤差をそれぞれ $x_1, x_2, \cdots, x_n$ とすれば，i 回目の測定値 q_i の誤差 x_i は，式 (2.1) より

$$x_i = q_i - q \qquad (i = 1, 2, \cdots, n) \tag{2.3}$$

と表される。ここで，各誤差 x_i の和をとると

$$\sum x_i = \sum (q_i - q) = n(\overline{q} - q) \tag{2.4}$$

となる (ここで, $\sum q = nq$, $\sum q_i = n\bar{q}$ を用いた)。それゆえに, 誤差の平均値は

$$\frac{\sum x_i}{n} = \bar{q} - q \tag{2.5}$$

と表される。ここで, 測定が入念に行われて, 測定回数がきわめて多ければ, 偶然誤差の性質として

$$\lim_{n \to \infty} \frac{\sum x_i}{n} = 0 \tag{2.6}$$

となる。したがって, 測定回数を増やして $n \to \infty$ とすれば, 式 (2.5), (2.6) より $\bar{q} \to q$ となり, 測定値の平均値 $\bar{q}$ は真の値 q に限りなく近づくことがわかる。

あとで述べる精度に関連するが, 測定回数を上げて平均値を求めることにより, 測定の信頼度を上げることができる。これは, 個々の測定値の誤差の目安を σ, 測定回数を n とするならば, 平均値の誤差 σ_0 は, 最小 2 乗法により $\sigma_0 = \frac{\sigma}{\sqrt{n}}$ で表されるからである (詳細は 2.10 節参照)。この関係式から, たとえば 100 回の測定の平均値はただ 1 回の測定値に比べて, 誤差 (詳しくは平均 2 乗誤差) が 1/10(精密さが 10 倍) になることがわかる。すなわち, この場合, 平均値は測定値よりも 1 桁多く有効になる。

問　系統誤差がある場合には式 (2.6) の値は変わる。具体的にどのような表現にすればよいだろうか。

2.4　平均値の求め方

われわれが平均 (算術平均) を求めようとする測定値群を大別すると次の 3 種になる。

(1)　同一の量を n 回繰返し測定した値の集団

(2)　m 個の同種の量をそれぞれ 1 回ずつ測定した値の集団

(3)　m 個の同種の量をそれぞれ n 回ずつ測定した値の集団

算術平均は全部の測定値を合計して測定回数で割ればもちろん求められるが, 労多くして誤りを生じやすい。また (2) と (3) の場合には, 計算の仕方を誤ると, 多数の測定値を無効にするようなことが起こるから, 十分注意しなければならない。以下では, (1) および (2) の場合について, 算術平均を容易かつ正確に求める方法および多数の測定値を有効に活用する方法をそれぞれ述べることにする。

(1) の場合 (算術平均を容易かつ正確に求める方法):

いま X なる量を n 回測定して測定値 $a_1, a_2, \cdots, a_n$ を得たとする。a が, たとえば有効数字 (後で述べる)4 桁で得られたものとすれば, 通常, 各測定値の違いは 4 桁目か大きくとも 3 桁目に 1 の程度のものであるから, 一見して平均値に近い値を推定できる。この推定の平均値 a' と各測定値 a との差 λ を求め, λ の代数和をとって平均した値 $\lambda_0 = \frac{\sum \lambda_i}{n}$ を a' に加えれば, 正しい算術平均 $\bar{a}$ が簡単に得られる。この推定平均値は苦心して推定する必要はなく, あまり隔たっていなければ最後の数字が 0 のものを選んでとった方が λ を求めるのに容易である。2.3 で述べたように算術平均値の信頼度は各測定値の信頼度の $\sqrt{n}$ 倍になるから, 数個以上の平均値は個々の数値より 1 桁多くしておく方がよい。ただし, 測定値のバラツキが大きいときは 1 桁多くしても無意味となる。

(2) の場合 (多数の測定値を有効に活用する方法):

物理実験にはこの種の測定が多く, 長い直線上のほぼ等距離に並んだ多数の点を測定し, これから平均距離を求める場合などがこれに当たる。また, 曲げによるヤング率の測定において等しい差で錘を加えたときの曲がりの変化, 連続的に記録した周期の測定値から平均周期を求める場合などもみなこれに属する。

いま, あるぜんまい秤に 1 g ずつ荷重していき, 指標がスケールの上に示す位置 $a_1, a_2, \cdots, a_n$ と荷重が 0 のときの位置 a_0 とを合わせて 11 回読み取ったとする。そして, 読み取った位置関係から 1 g に対する平均の伸び, すなわちぜんまい秤の定数 (感度)k を求めることを考える。この場合のみならず, いずれの場合でも, 個々の測定値は, 特別の理由のない限りみな同じように価値を有するから, 平均値の計算においても同等の寄与をしなければならない。

この例では $a_1 - a_0, a_2 - a_1, a_3 - a_2, \cdots$ などが 1 g に対する伸びであるから，これを合計して 10 で割れば よいと考え，次のような計算をすると

$$k = \frac{1}{10}\{(a_1 - a_0) + (a_2 - a_1) + \cdots + (a_{10} - a_9)\} = \frac{1}{10}(a_{10} - a_0)$$

となって，始めと終りの測定値だけから出したのと同じ結果になる。この場合，図 2.1 からもわかるよう に，もしこの 2 つの読みに特に誤差が多かったりすると，その結果は非常に悪くなってしまう。同様に， $a_2 - a_0, a_3 - a_1, \cdots$ は 2 g に対する伸びであるからというので

$$k = \frac{1}{2 \times 9}\{(a_2 - a_0) + (a_3 - a_1) + \cdots + (a_{10} - a_8)\} = \frac{1}{18}\{(a_9 - a_0) + (a_{10} - a_1)\}$$

としても，なお 7 個の測定値が無効になる。

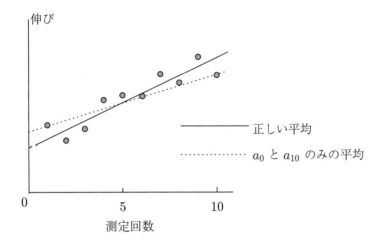

図 2.1   同種の量の平均の求め方

上のことからわかるように，すべての測定値を役立たせるためには，測定回数を偶数にして 2 群にわけ，両 者の差をとって平均すればよい (この例では奇数個なので a_0 または a_{10} が用いられなくなる)。すなわち

$$k = \frac{1}{5 \times 5}\{(a_5 - a_0) + (a_6 - a_1) + \cdots + (a_9 - a_4)\}$$

とすれば，全ての測定値が平等に使われることになる。

＜例＞ ある振子の振動時刻を 10 周期ごとに測って表 2.1 の値を得た。この場合の周期 T の平均を求める。

表 2.1   50 周期の平均時間の求め方

回数	時刻	回数	時刻	$50T$	λ_i
0	5 m 43.6 s	50	10 m 54.8 s	5 m 11.2 s	+0.2 s
10	6 m 45.8 s	60	11 m 57.4 s	5 m 11.6 s	+0.6 s
20	7 m 47.4 s	70	12 m 58.8 s	5 m 11.4 s	+0.4 s
30	8 m 50.5 s	80	14 m 1.0 s	5 m 11.0 s	0.0 s
40	9 m 52.2 s	90	15 m 2.6 s	5 m 10.4 s	−0.6 s

表の λ_i は 50 周期の推定平均を 5 m 11.0 s としたときの各値との差である。実際の平均値は $\sum \lambda_i = 0.6$ s より $\sum \frac{\lambda_i}{n} = \lambda_n = +0.12$ s であるから，これを推定平均に加えることにより

$$\overline{50T} = 5\,\text{m}\,11.12\,\text{s}$$

となる。したがって 1 周期 T は

$$T = 6.2224\,\text{s}$$

のように得られる。後尾の 4 は他の測定値と比べ，他がみな 5 桁であるならば有効とみなして計算を行い，最後の結果の精度において検討する。また，他の測定値が 3 桁あるいは 4 桁のときは，この 4 は四捨五入してよい。

2.5　実験曲線の描き方

誤差と平均に関連して，測定結果をグラフで表す場合には次のような注意が必要となる。実験曲線を描く場合に，まず最初に縦横の軸上における方眼紙の 1 目盛をどれほどの単位に選ぶかを決める必要がある。一般に mm 目盛の方眼紙を使用する場合はその 1 目盛を測定値の有効数字の最後の桁の単位に等しく選べば，測定値の有効数字がすべて図上に示されて都合がよい。しかし，このように理想通りに定められない場合が多い。たとえば，一方の量の変化に対して他方の量の変化が著しく大きいときは，各軸上の目盛を適当な大きさの単位に選び，2 量の関係を示す曲線が大体において両軸に対して約 45° 傾くように加減する必要がある。点を記入するとき，小さな点を記しただけでは見にくいから，各点にこれを中心とする直径 2 mm 位の小円とか，あるいは各点上に直交する長さ 2 mm 位の 2 本の線分を描き添えたり，場合により測定誤差を考えて，これに相当する長さの線分を図上で各測定点に描くと曲線を描くときに都合がよい (図 2.2)。最後に，記入した点の配列を見通し，変化の傾向に応じて滑らかな曲線を描く。測定値には必ず誤差があるから，各点を線分で結ぶことは無意味であり，またすべての点が曲線の上にあるようなこともない。曲線からはずれた点については曲線からの出入が平均するように曲線を描くことが大切である。

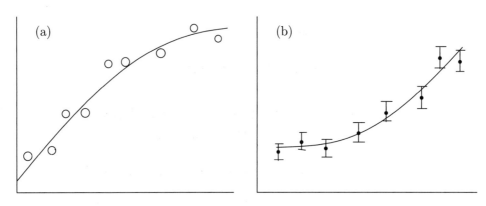

図 2.2　実験曲線の描き方の例

なお，グラフには x 軸，y 軸などの軸を描くとともに，各軸がどういった量を表すのかがわかるように，各軸のタイトルおよび単位をつける。

問　　実験曲線は 2.2 で述べられたようにある仮定のもとに推測された「真値」を示すことになる。どのように実験曲線を描くのがよいか考えよ。

2.6　有効数字

物理実験において測定された数値は数学で取り扱う数値とは性質が異なる。測定値には精密さに必ず限度がある。すなわち，実験で取り扱う数はすべて計測したもので桁数に限りがある。直接測定において，測定器械の目盛から測定値を読み取る場合に，測る量またはこれを指示する指針が器機の目盛線とちょうど一致することはまれで，食い違うことが多い。この食い違いに対しては，測定器械の最小目盛の 1/10 までを目測で読み取るのが普通である。したがって，測定値の最後の桁の数字は少なくとも器械の最小目盛の 1/10 程度において疑わしい。物体の長さを測る場合に cm の目盛尺を用いて 34.5 cm を得たとすれば，この誤差は ±0.1 cm 程度であり，また mm の目盛尺を

使用して 34.50 cm を得たときは，誤差は ±0.01 cm 程度である。これらの測定値の最後の桁の 5 および 0 は一応信頼される数字と考えられるから，測定値としての 34.5 cm とは意義を異にする。数学上では両者は等しく，これを 34.5000 cm と記してもさしつかえないが，測定値としてはそれぞれ最後の桁の 5 および 0 までは意味があり，その桁以下はまったく無意味であることを示すものであるから，最後の桁の 0 を無視したり，その桁以下に 0 を書き添えたりすることは許されない。同じ理由で，測定値 345 m を 34500 cm と書いてはならない。この場合には 345 × 10² cm と記すべきである。

そこで読み取った値がちょうど目盛線に一致したときとか，次の桁を四捨五入した結果が 0 になったときは，必ず 0 をつけておくべきである。すなわち，この 0 は 1 つの測定値を表すものであり位取りを示す 0 と区別されなければならない。一般に測定値を示す数値，すなわち 1 から 9 までの数字と位取り以外の読み取りの 0 の数字を有効数字という。たとえば 34.5 cm の有効数字は 3 桁であり，34.50 cm については 4 桁である。321 m を 32100 cm と書いてはだめで，この場合，有効数字は 3 桁であるから 321 × 10² cm または 3.21 × 10⁴ cm となる。

2.7　精度

ある量の 1 つの大きさを測る場合には，誤差が小さいほど測定は精密であるといえるが，大きさの異なる場合には誤差の大きさだけでは測定の精粗を判断することはできない。たとえば，長さの測定において，1 m の全長に対して，0.1 mm くらいの誤差は普通の場合は無視できるが，1 mm の長さを測定するのに 0.1 mm の誤差は無視できない大きさで不精密ということになる。それゆえ，測定の精粗の度合すなわち精度には誤差だけでなく，測ろうとする全量が関係してくる。この意味で，一般に測定の精度を示すには以下に定義する相対誤差を用いる。相対誤差 ϵ とは測定値 a と真の値 X との差，すなわち絶対誤差 $x = a - X$ を X で割ったものである。すなわち，$\epsilon = \dfrac{x}{X}$ となるが，実際には $\epsilon = \dfrac{x}{a}$ と考えてさしつかえない。ϵ はもちろん 1 より小さいから 100 分率または分数で表す。ϵ が小さいほど精度が高い。計算値は通常，最後の桁に 1 程度の誤差があるというところで止め，その次の桁は四捨五入するので，たとえば $a = 3.21$ であるならばその精度は $\epsilon = \dfrac{0.01}{3.21} \approx \dfrac{1}{300}$ となる。精度は小数点の位置に無関係で有効数字の桁数で決まる。小数位の桁数が多いほど精密であると考えるのは誤りである。

以上のように精度は有効数字の桁数でいい表されるということができるが，それだけでは不十分であって，その数値の大きさにも関係する。たとえば 9.87 と 1.23 とはともに 3 桁ではあるが前者は後者の 8 倍の精度をもっていて，むしろ 4 桁に近い。計算の場合にはこのことを心得ておく必要がある。

2.8　間接測定における測定精度の選び方

間接測定の場合には，測定前にどの量の誤差が結果にどれほどの影響を与えるかを調べ，わずかな誤差でも結果に大きく影響する量に対しては測定の精度を高めて精密に測り，少しぐらいの誤差があっても結果にあまり響かない量については，精度を低めて簡単に測定するのがよい。

さて，間接測定による誤差は次のようにして求められる。まず，求める量 y が 1 つの量 z によって決められるとき，すなわち

$$y = f(z) \tag{2.7}$$

である場合は，式 (2.7) の関係から

$$\mathrm{d}y = y' \mathrm{d}z \tag{2.8}$$

と表すことができる。ここで z に Δz の誤差が含まれていれば，y の誤差 Δy は近似的に $\mathrm{d}y$ で置き換えることができる。すなわち

$$\mathrm{d}y \approx \Delta y = y' \Delta z \tag{2.9}$$

したがって，z に含まれる誤差 Δz に起因する y の誤差 Δy は

$$\Delta y \approx \frac{\mathrm{d}y}{\mathrm{d}z} \Delta z \tag{2.10}$$

となる。

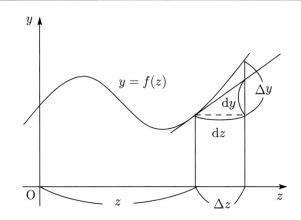

図 2.3　間接測定における測定精度

　次に，一般に求める量 y がいろいろな測定量 $z_1, z_2, \cdots, z_r$ によって決められるとき，すなわち

$$y = f(z_1, z_2, \cdots, z_r) \tag{2.11}$$

のような関係にある場合は，$z_1, z_2, \cdots, z_r$ にそれぞれ $\Delta z_1, \Delta z_2, \cdots, \Delta z_r$ の誤差が含まれていれば，誤差 Δy は式 (2.10) と同じようにして

$$\mathrm{d}y \approx \Delta y = \frac{\partial f}{\partial z_1} \Delta z_1 + \frac{\partial f}{\partial z_2} \Delta z_2 + \cdots + \frac{\partial f}{\partial z_r} \Delta z_r \tag{2.12}$$

となる。このとき，相対誤差 $\dfrac{\Delta y}{y}$ は

$$\frac{\Delta y}{y} \approx \frac{\partial f}{\partial z_1} \cdot \frac{\Delta z_1}{f} + \frac{\partial f}{\partial z_2} \cdot \frac{\Delta z_2}{f} + \cdots + \frac{\partial f}{\partial z_r} \cdot \frac{\Delta z_r}{f} \tag{2.13}$$

となる。式 (2.13) は式 (2.11) の対数をとったものの微分になっている。この関係を利用して，求める量 y が測定量 $z_1, z_2, \cdots, z_r$ を用いて

$$y = f(z_1, z_2, \cdots, z_r) = z_1{}^m \cdot z_2{}^n \cdots z_r{}^u \tag{2.14}$$

のように表せる場合，相対誤差は式 (2.14) の対数をとって微分することにより

$$\log y = m \log z_1 + n \log z_2 + \cdots + u \log z_r \tag{2.15}$$

$$\frac{\Delta y}{y} = m \frac{\Delta z_1}{z_1} + n \frac{\Delta z_2}{z_2} + \cdots + u \frac{\Delta z_r}{z_r} \tag{2.16}$$

となる。右辺の各項は常に正であるので，特にそれを強調するために各項の絶対値の和を用いる。

$$\left| \frac{\Delta y}{y} \right| = \left| m \frac{\Delta z_1}{z_1} + n \frac{\Delta z_2}{z_2} + \cdots + u \frac{\Delta z_r}{z_r} \right| \leqq \left| m \frac{\Delta z_1}{z_1} \right| + \left| n \frac{\Delta z_2}{z_2} \right| + \cdots + \left| u \frac{\Delta z_r}{z_r} \right| \tag{2.17}$$

　したがって，結果の精度は各量の精度をその指数の絶対値倍にしたものの和に等しい。それゆえ，上式の右辺の 1 項が他の項に比べてはるかに大きければ，結果の精度はその項に含まれる量の精度によって決まる。ある量の精度が低いとき他の量の精度をいくら高めても，結果の精度はほとんど高まらない。このようなむだな努力をさけるには，上式右辺の各項の寄与が同程度になるように各量の精度を選べばよい。

　以上をまとめると，間接測定を行う場合，

　1. 諸量の関係を示す式において，指数の大きい量は精度を高めて測定しなければならない
　2. 測る量が小さいほど，わずかな誤差があっても著しく精度が低下するから，小さな量については精密に測る必要がある

ことがわかる。なお，測定値に $\pi = 3.14159\cdots$ のような定数を掛ける場合は，その精度が他の量の精度と同程度になるように桁数を選ばねばならない。

　例として，細長い丸棒の体積 $(V = \pi r^2 l)$ の測定について述べると

$$測定値 (平均) \quad l = 22.34\,\text{cm} \qquad (\text{mm 目盛りの物指で測定})$$
$$r = 3.87 \times 10^{-2}\,\text{cm} \quad (\text{マイクロメータで測定})$$

に対して π の桁数を 3 桁にとれば

$$\frac{\Delta V}{V} = \frac{\Delta \pi}{\pi} + 2\frac{\Delta r}{r} + \frac{\Delta l}{l} = \frac{0.002}{3.14} + 2\frac{0.01}{3.87} + \frac{0.01}{22.34} \approx \frac{1}{2000} + \frac{1}{200} + \frac{1}{2000} \tag{2.18}$$

となる。この場合, V の精度は r の測定精度で決まってくる。r の精度をこれ以上高められないときは, $z = 22.3\,\text{cm}$ でよいことになる。なお, ここでは π の値として 3 桁のものを用いたが, π として電卓の内部関数を使うときには, その有効桁数は通常 10 桁以上あるので事実上誤差が 0 として扱ってもかまわない。

2.9 測定値の計算

計算は正確かつ迅速がモットーである。同じ結果を求めるのにも, できるだけ器械や表などを利用して, なるべく機械的に行って, 頭を疲れさせないようにすることが肝要である。実験結果の計算は有効数字の範囲内で行えばよいので, それ相当の近似計算や省略を行ってさしつかえない。測定値は必ず誤差を伴い, その有効数字の末位の数字は一応信頼されているとはいえ, 少なくとも ± 1 程度に疑わしく, 数学上の数字と異なる。ゆえに測定値の計算を行う場合には, どの桁で四捨五入すべきかは必然的に定まり, 勝手な桁で四捨五入したり, あるいは何桁でも末尾の数字を残しておくことは許されない。測定値の計算を行う場合は, 測定値の桁よりも 1 桁多くとって計算し, 最後にその桁を四捨五入し求める結果とすればよい。1 桁余計に計算するのは, 末位を四捨五入するための誤差すなわち計算誤差を測定誤差よりも小さくするためである。近似計算でも, 近似の度合はその計算から生じる誤差が, 測定の誤差からくるものに比べて無視できる程度でなければならない。

(1) 加減

測定値中で有効数字の末位が最高の位取りをもつものを基準にして, 他の測定についてあらかじめ基準の位の次の位の数字まで残して四捨五入し, その後に計算して最下位の桁を四捨五入する。たとえば

$$a = 13.57\,\text{cm}, \qquad b = 0.246\,\text{cm}, \qquad c = 0.0567\,\text{cm を加える場合} \tag{2.19}$$

$$a + b + c = 13.57 + 0.246 + 0.057 = 13.873$$
$$= 13.87\,\text{cm}$$

とすればよい。a において小数点以下の 3 桁目は無意味であるが, これに b および c の 3 桁目の 6 および 7 を加えて計算するのは, これによって積み上げられる計算誤差が測定誤差を上回らないようにするためである。

(2) 乗除

積および商の有効数字は桁数の少ない因数に支配されるから, 桁数の多い因数の有効桁数をさらに多くしても無駄になる。各因数の有効数字の桁数を最小の有効数字の桁数よりも 1 桁だけ多くするか, あるいは同じにそろえて計算を行う。結果は最小の桁数よりも 1 桁余分に計算し, 最後にその桁を四捨五入する。したがって結果の有効数字の桁数は最小の有効数字の桁数に等しくなる。たとえば, 縦横の長さを測り, 測定値 $a = 13.57\,\text{cm}$, $b = 4.56\,\text{cm}$, から面積 $A = a \cdot b$ を求める場合

$$A = a \cdot b = 61.8792\,\text{cm}^2 \tag{2.20}$$

となるが, a は有効数字が 4 桁, b は 3 桁であるので A の有効数字は 3 桁となり 4 桁目を四捨五入して

$$A = a \cdot b = 61.9\,\text{cm}^2 \tag{2.21}$$

とすればよい。

(3) 加減乗除が多く連合している場合

　　積または商の桁数を各因数のうち有効数字の桁数の最小のものと同数または 1 桁多くしておく (原則として計算誤差はつねに測定誤差よりも小さくする) など，今までにのべたことを行っていくのであるが，測定値の単位が国際単位系 (SI) 以外のものがあり，そのために数値が大小いろいろある場合には，単位を SI にそろえ，各数値を 1 位の桁に 10^n を掛けた指数表記にして計算するのが位取りをするにも便利である。なお，計算式が

$$\frac{a^l \cdot b^m \cdot c^n \cdots}{d^p \cdot e^q \cdot f^r \cdots} \tag{2.22}$$

の形で与えられているときは，分子，分母でそれぞれ掛算をして後，割算を行うとよい。

　　たとえば，金属のヤング率を Ewing の装置で求める場合，ヤング率 E は

$$E = \frac{l^3 Mg}{4a^3 be} \tag{2.23}$$

によって与えられる。測定値を SI で表すために指数表記を使って

試験棒の厚さ (平均)	a	$=$	0.6954 cm	$=$	6.954×10^{-3} m
試験棒の幅	b	$=$	1.620 cm	$=$	1.620×10^{-2} m
2 支点間の距離 (平均)	l	$=$	40.15 cm	$=$	4.015×10^{-1} m
荷重の質量	M	$=$	600.0 g	$=$	6.000×10^{-1} kg
中点降下量 (平均)	e	$=$	0.0181 cm	$=$	$1.81 \ \times 10^{-4}$ m

のように表し，以下のように計算を進める。

$$\begin{aligned}
E &= \frac{(4.015 \times 10^{-1})^3 \times 6.000 \times 10^{-1} \times 9.80}{4 \times (6.954 \times 10^{-3})^3 \times (1.620 \times 10^{-2}) \times (1.81 \times 10^{-4})} \\
&= \frac{3.8056 \times 10^{-1}}{3.944 \times 10^{-12}} \\
&= \frac{3.806}{3.944} \times 10^{11} \\
&= 0.9650 \times 10^{11} \\
&= 9.65 \times 10^{10} \\
&= 9.7 \times 10^{10} \ [\mathrm{N/m^2}]
\end{aligned}$$

　　計算式において有効数字の最小のものは，0.0181 で 3 桁である。しかしこれは頭の数字が 1 で精度がかなり低く，最後の値 9.65 と比較すると精度がほとんど 1 桁違ってくるから，9.65 は末尾の 5 を四捨五入し 9.7 としたほうがよいことになる。

2.10　誤差の計算

　　実験項目によっては誤差計算を指示してあるから，必ず行って慣れるようにしなければならない。

　　個々の測定値または最確値がどのくらい真の値に近いものであるか，どの程度信頼できる値であるかを知る必要がある。すなわち誤差の程度が問題になる。それにはなにを信頼性のめやす，または誤差のめやすにするかを決めなければならない。個々の測定における誤差の単なる算術平均は 0 になるから意味がない。誤差の絶対値の算術平均をめやすにすることも考えられるが，一般には次の 1. 平均 2 乗誤差 または 2. 確率誤差 を用いる。物理実験では 4. 間接測定の誤差 を用いることが多い。

1. 平均 2 乗誤差 (または標準誤差ともいう)σ

　　これは次のように定義される。

$$\sigma^2 = \frac{x_1{}^2 + x_2{}^2 + \cdots + x_n{}^2}{n} = \frac{\sum x_i{}^2}{n}, \ \text{または} \ \sigma = \sqrt{\frac{\sum x_i{}^2}{n}} \tag{2.24}$$

ところが，真の値がわからないから，x_i もわからない。したがってこの式は，そのままでは役にたたない。そこで，

測定値	:	$q_1, q_2, \cdots, q_n$
真の値	:	q
誤差	:	$x_i = q_i - q$
測定値の算術平均	:	$\overline{q} = \dfrac{\sum q_i}{n}$
残差	:	$r_i = q_i - 最確値 = q_i - \overline{q}$ （測定値より計算で求められる）

として，σ を残差 r_i を用いた式に導く。

いま，最確値 q_0 が求められたとする（直接測定の場合には $q_0 = \overline{q}$ としてよいことは前に述べた）。それと真の値との差を Δ とする。すなわち

$$q = q_0 + \Delta = \overline{q} + \Delta \tag{2.25}$$

また，$x_i = r_i - \Delta$ であるから，これを式 (2.24) に入れ，$\sum r_i = 0$ を考慮すると

$$n\sigma^2 = \sum x_i{}^2 = \sum r_i{}^2 - 2\Delta \cdot \sum r_i + n\Delta^2 \tag{2.26}$$

次に，σ と Δ との関係を求めると

$$
\begin{aligned}
n\Delta^2 &= n\left(q - \overline{q}\right)^2 = n\left(q^2 - 2q\overline{q} + \overline{q^2}\right) \\
&= n\left\{q^2 - 2q\frac{\sum q_i}{n} + \left(\frac{\sum q_i}{n}\right)^2\right\} \\
&= n\left\{q^2 - 2q\frac{\sum(q + x_i)}{n} + \left(\frac{\sum(q + x_i)}{n}\right)^2\right\} \\
&= n\left\{q^2 - \frac{\left(2nq^2 + 2q\sum x_i\right)}{n} + \frac{\left(nq + \sum x_i\right)^2}{n^2}\right\} \quad \left(ここで \sum_n (q + x_i) = nq + \sum x_i\right) \\
&= n\left\{q^2 - \frac{2nq^2 + 2q\sum x_i}{n} + \frac{1}{n^2}\left(n^2 q^2 + 2nq\sum x_i + \sum_i \sum_j x_i x_j\right)\right\} \\
&= \frac{\sum_i \sum_j x_i x_j}{n} \\
&= \frac{\sum x_i^2}{n} + \frac{2\sum_{i>j} x_i x_j}{n}
\end{aligned}
$$

第 2 項目は測定回数 n が大きくなると，誤差の性質として x_i が正負同等に現われると考えられるから，0 としてよい。それゆえ

$$n\Delta^2 = \sigma^2 \tag{2.27}$$

(2.27) を (2.26) に代入すると

$$\sigma^2 = \frac{\sum r_i{}^2}{n-1}, \quad または \quad \sigma = \sqrt{\frac{\sum r_i{}^2}{n-1}} \tag{2.28}$$

したがって，(2.27) と (2.28) より算術平均値の誤差 Δ は次のように与えられる。

$$\Delta = \sigma_m = \frac{\sigma}{\sqrt{n}} = \sqrt{\frac{\sum r_i{}^2}{n(n-1)}} \tag{2.29}$$

これを平均値の平均誤差（あるいは単に平均値の誤差）といい，σ_m で表す。

平均値の平均誤差を用いて測定結果を表すと

$$\overline{q} \pm \Delta \tag{2.30}$$

となる。

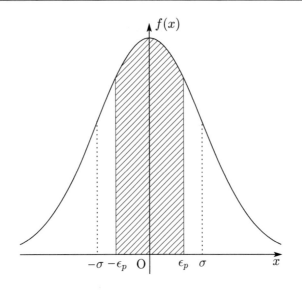

図 2.4　確率誤差の分布

2. 確率誤差 ϵ_p

　誤差の絶対値 $|x_1|,\ |x_2|,\ |x_3|,\ \cdots$ のうち半数が ϵ_p より小さく，残りの半数が ϵ_p より大であるような ϵ_p を確率誤差という。同一の量を同一の条件で測定しても，つねに同じ測定値が得られるとは限らない。多くの同一測定を行えば測定値は真の値のまわりにばらついて分布すると考えられる (偶然誤差)。横軸に測定値をとり，縦軸にその測定値の現れる確率密度をとると 1 つの曲線が得られる。これを誤差曲線という。誤差曲線としてガウスの誤差分布曲線を用いると，σ は誤差曲線の変曲点に対応し，ϵ_p は $f(x)$ 曲線下の斜線部分の面積が全面積の半分に相当する点である。このとき，σ と ϵ_p との間に次の関係がある。

$$\epsilon_p = k\sigma_m \tag{2.31}$$

ここで，k は測定回数 n によって決まる定数で

$$n = 5\ \text{のとき}\ k = 0.740,\qquad n = 10\ \text{のとき}\ k = 0.703,\qquad n = \infty\ \text{のとき}\ k = 0.675 \tag{2.32}$$

である。

　確率誤差を用いて測定結果を表すと

$$\bar{q} \pm \epsilon_p \tag{2.33}$$

となる。

3. 測定回数が多くないときの誤差

　測定回数が大きくないときは，次のように表すことがある。

$$\bar{q} \pm r_{\mathrm{m}} \tag{2.34}$$

すなわち，平均値の誤差として，残差の絶対値の最大のものをとるのである。r_{m} として測定の偶然誤差を対象にしているが，測定器の機械誤差のほうが大きい場合には，r_{m} に機械誤差を代入するのがよい。

　次の表の例では q_i の最確値 (算術平均値) は $0.93483\,\mathrm{cm}$ で，誤差は $0.00037\,\mathrm{cm}$ よりは大きくならないから，

$$0.9348 \pm 0.0004\quad \mathrm{cm} \tag{2.35}$$

と書く。

例

回数 n	測定値 q_i (cm)	$r_i = q_i - \overline{q}$	r_{m}
1	0.9345	$-$ 0.00033	
2	48	$-$ 3	
3	52	$+$ 37	0.00037
4	47	$-$ 13	
5	48	$-$ 3	
6	47	$-$ 13	
7	50	$+$ 17	
8	49	$+$ 7	
9	46	$-$ 23	
10	51	$+$ 27	
$\overline{q} = 0.93483$		$\sum r_i = 0$	

r_{m} は $|r_i|$ の最大値

4. 間接測定の誤差

測定精度の選び方については 2.8 ですでに述べてあるが，間接測定の最確値については最小 2 乗法の原理を用いて求めることになり，多少複雑であるので，ここでは平均誤差についてのみ考える。

1 つの量 y を求める実験で，y が A, B, C, $\cdots$ の測定値より求められるとする。

$$y = f(A, B, C, \cdots) \tag{2.36}$$

$A, B, C, \cdots$ の平均誤差を $\sigma_A, \sigma_B, \sigma_C, \cdots$，$y$ の平均誤差を σ_y とすると

$$\sigma_y = \sqrt{\left(\frac{\partial f}{\partial A}\right)^2 \sigma_A{}^2 + \left(\frac{\partial f}{\partial B}\right)^2 \sigma_B{}^2 + \left(\frac{\partial f}{\partial C}\right)^2 \sigma_C{}^2 + \cdots} \tag{2.37}$$

となる。これを誤差の伝播の法則という。

$$y = f(A) \quad \text{の場合には} \quad \sigma_y = \sqrt{\left(\frac{\partial f}{\partial A}\right)^2} \sigma_A \tag{2.38}$$

したがって

$$y = lA + mB + nC \quad \text{なら} \quad \sigma_y = \sqrt{(l\sigma_A)^2 + (m\sigma_B)^2 + (n\sigma_C)^2} \tag{2.39}$$

$$y = P\frac{A^l B^m}{C^n} \quad \text{なら} \quad \frac{\sigma_y}{y} = \sqrt{l^2\left(\frac{\sigma_A}{A}\right)^2 + m^2\left(\frac{\sigma_B}{B}\right)^2 + n^2\left(\frac{\sigma_C}{C}\right)^2} \tag{2.40}$$

しかし，われわれの実険では各測定値 $A, B, C, \cdots$ の測定回数は少なく，平均誤差を求めることが無理なので，(2.34) の場合のように $A, B, C, \cdots$ の誤差として残差の絶対値の最大のものを用いる。これは平均誤差ではないので，上記の誤差の伝播の法則は役に立たない。そこで，

　(a) 物理量 y が測定値 A, B, C の和として与えられるとき，すなわち

$$y = XA + YB + ZC \tag{2.41}$$

　　のような和の形のときには

$$\Delta y \leqq |X\Delta A| + |Y\Delta B| + |Z\Delta C| \tag{2.42}$$

　(b) 物理量 y が測定値 A, B, C の積として与えられるとき，すなわち

$$y = A^l B^m C^n \tag{2.43}$$

　　のような積の形のときには

$$\frac{\Delta y}{y} \leqq \left|l\frac{\Delta A}{A}\right| + \left|m\frac{\Delta B}{B}\right| + \left|n\frac{\Delta C}{C}\right| \tag{2.44}$$

とし，各直接測定値の相対誤差 (誤差率) の結果への影響を調べることとする。ここで，Δy, ΔA, ΔB などは
それぞれ y, A, B などの誤差 (残差より得られたもの) であって測定値に比べて十分小さいとみなしている。
最終的に測定結果は

$$y \pm \Delta y \, [\text{単位}] \tag{2.45}$$

のように表す。

第 3 章

基本的な測定機器

3.1 物指

　長さを測るにはふつう物指，巻尺などが使用される。実験室においてはキャリパー，マイクロメータ，遊動 (読取) 顕微鏡なども物体の寸法と要求される精度に応じて用いられる。またわずかの変位の量を光学的に拡大する光のてこの方法もある。

　この中でキャリパー，マイクロメータ，光のてこについては別に項目が設けられてあるので，ここでは物指を使うときの注意だけを説明しておく。

　物指は竹，木，金属，布，プラスチック，ガラス，紙などで作られている。これらは温度や湿度が変わったり，力を加えたりすると目盛の幅に変化が生じると思っていなければならない。ことに布の巻尺は測るときの引っ張り方によって全体に伸びるし，紙尺やセクションペーパーは温度や湿度の影響がかなり大きい。しかし，他の尺度ではこのようにして生じる誤差は少なく，むしろ別な原因による誤差に注意を払わなければならない。

　物指は，その全長について許された誤差 (公差) を含むものである。そのため尺度の上で場所によっては目盛の間隔が不均一になっている恐れがある。したがって測定に際しては端ばかり使うことはやめ測定ごとに物指をずらして読む。たとえば，長さ ab 間の距離を求めるには表 3.1 のように，始点 a の位置を物指の異なる場所において数回測り，その平均値を測定値とする。

表 3.1　長さ ab 間の距離を測るときの例

a	b	$l = b - a$
35.3 mm	155.6 mm	120.3 mm
82.8	202.9	120.1
104.0	224.5	120.5
131.2	251.5	120.3
173.7	294.1	120.4

　目盛を読み取るときは視差 (パララックス) に注意する。このような誤差は被測定物体の端面と物指上の目盛およびこれを読む目の位置関係によって生じたものであり，物指の厚みなどが原因で被測定物体の端面と物指上の目盛が離れているような場合に生じやすい。したがって，このような誤差を避けるためには物指の目盛の当て方に注意し，さらに，視線を被測定物体の端面上におくようにして目盛を読めばよい。同様のことは温度計 (図 3.1(a)) のように構造上水銀柱と目盛面がガラス管の肉の厚さだけ離れている場合にもいえ，このような場合の目盛の読みには視差をなくすことが大切な問題となる。また，図 3.1(b) のように目盛線の太い物指では，目分量で目盛幅の 1/10 まで読むことはあまり意味がない。しかしふつうは，その中央線を基準にして 1/10 まで読むようにしている。

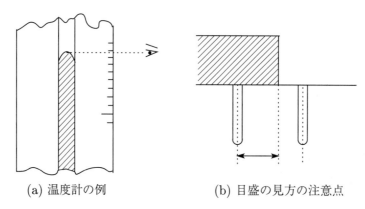

(a) 温度計の例　　　　　　(b) 目盛の見方の注意点

図 3.1　目盛の見方の注意点

3.2　副尺

1. 構造

   長さまたは角度を測る尺度 (主尺) に，さらに別の小さな尺度をそえて，もう一段くわしく読めるようにした器械がある。この小尺度の 1 目盛は主尺の 1 目盛よりわずかに狭く (まれに広いものもある) とってあって，互いの差が読みの精度を決定する。これを副尺 (バーニヤ，Vernier) という。副尺は主尺にそって滑り動くようにできている。

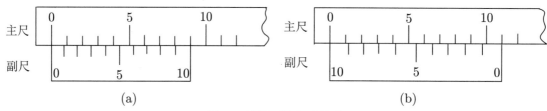

(a)　　　　　　　　　　　　　　　(b)

図 3.2　副尺の目盛の振り方

   一般に副尺には前読み式と後読み式の 2 通りがある。前読み式というのは図 3.2(a) に示してあるように，ふつう主尺の最小目盛の $(n-1)$ 個をとって n 等分した副尺をつけたもので，これを用いれば主尺の最小目盛の $1/n$ まで読み取ることができる。図 3.2(a) で主尺の 1 目盛を 1 mm とすれば，この副尺は 9 mm を 10 等分して作られたもので，1/10 mm まで正確に読めることになる。理由は，主尺の最小目盛の幅を ϵ とすれば，副尺の目盛の間隔は $\epsilon\dfrac{n-1}{n}$ で，主尺の目盛との差は

$$\epsilon - \epsilon\frac{n-1}{n} = \epsilon\frac{1}{n} \tag{3.1}$$

であることに基づく。

   つぎに，後読式では主尺の最小目盛の $n+1$ 個をとり，これを n 等分した副尺を用いる。精度は同じく

$$\epsilon\frac{n+1}{n} - \epsilon = \epsilon\frac{1}{n} \tag{3.2}$$

である (図 3.2(b))。

2. 使用法

   前読み式の副尺を用いて物体の長さを測定する方法を図 3.3 に示す。この物体の長さは 32.16 cm である。測定は次のような順序で行う。

   (a) 物体に主，副尺を図 3.3 のようにあてたのち，まず副尺の 0 の位置を主尺の目盛で読む。図 3.3 では 32.1 cm ＋ x cm である。次にこの x を副尺によって求める。

   (b) 副尺の目盛線で主尺の目盛線 (どこであってもかまわない) と最もよく一致しているところをさがし，その副尺目盛を読む。図 3.3 では 6 である。原理は図から明らかである。

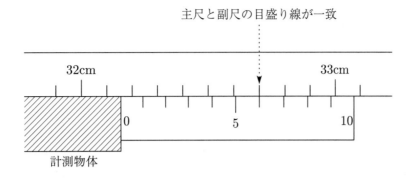

図 3.3　副尺の読み方の例

(c) この 6 を前の式の $\epsilon\dfrac{1}{n}$ に掛けると x が求まる。

$$\epsilon\frac{1}{n} = 1\,\mathrm{mm} \times \frac{1}{10} = 0.1\,\mathrm{mm} \tag{3.3}$$

$$x = 0.1\,\mathrm{mm} \times 6 = 0.06\,\mathrm{cm} \tag{3.4}$$

したがって求める長さ l は

$$l = 32.1\,\mathrm{cm} + x\,\mathrm{cm} = 32.1\,\mathrm{cm} + 0.06\,\mathrm{cm} = 32.16\,\mathrm{cm} \tag{3.5}$$

3. 副尺の種類

表 3.2 に実験室で使用される副尺の種類をあげる。

表 3.2　実験室で使用する尺度

主尺		副尺			精度	用途
利用目盛	最小目盛	分割基礎目盛	等分数	目盛幅		
0.5 mm	0.5 mm	24.5 mm　(49 個)	50	0.49 mm	0.01 mm	遊動顕微鏡
1 mm	1 mm	19 mm　(19 個)	20	0.95 mm	0.05 mm	キャリパー (ノギス)
1 hPa	1 hPa	19 mm　(1 mm 19 個)	10	1.9 mm	0.1 hPa	フォルタン気圧計
30′	30′	14° 30′　(29 個)	30	29′	1′	分光計

この表の中で注意すべきことを 2, 3 挙げる。

(a) 主尺の目盛が 0.5 mm 刻みであるとき，副尺の 0 の位置に対する主尺の読みが 2 種類あることに注意せよ。これと同様のことは，分光計の角度円盤 (最小目盛 30′) を読むときにもおこる。

(b) 精度が 0.05 mm であるということは，測定値の最後の桁が 5 ずつ異なった値がでるという意味である。たとえば，4.260 cm, 4.265 cm, 4.270 cm のように 0.05 mm とびに最後の数字は 5 または 0 である。キャリパーの中には，一致した副尺の目盛を読むとただちに x の値がわかるように作られているものもあって，このときは $0.05 \times x$ mm の計算の手数がはぶける。

(c) フォルタンの気圧計では，副尺との一致を読む主尺の目盛線に，主尺の 2 mmHg おきの目盛が利用されていることがあるから注意しなければならない。また，1/20 mmHg まで読める気圧計もある。

3.3　キャリパー (ノギス)

1. 名称および用途

バーニア・キャリパーといい，工場などではノギスと呼ばれる。物体の長さ，球や円筒の直径，円管の内径などを測る際に使用される。

2. 構造

図 3.4 に示すように金属製の主尺 M の一端に，これと直角に金属の腕 (ジョー) AB が固定されている。V は副尺で，これに腕 (スライディング・ジョー) CD が取り付けてあり，V および CD は M に沿って滑らせることができる。主尺の目盛は，AB と CD を密着させた時の副尺の 0 の位置を起点 (0) として刻まれている。副尺 V の目盛によって 1/20 mm(または 1/10 mm) まで正しく測ることができる。

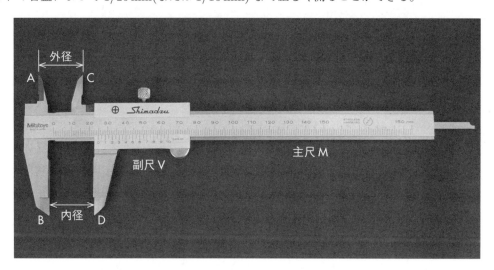

図 3.4　キャリパー (ノギス) の概略

3. 使用法

(a) 副尺零点の検査

使用する前にあらかじめ AB と CD とを接触させて，主尺と副尺の目盛の零が一致するかどうかを調べる。一致していないときは，そのずれの値 α(正あるいは負) を読み取って，結果から差し引かなければならない。図 3.5(a) では，主尺と副尺の目盛線が 3 で一致しているから

$$\alpha = +\frac{1}{20}\,\mathrm{mm} \times 3 = 0.15\,\mathrm{mm}$$

また (b) では，副尺の零が主尺の零より左にあり，8 で一致しているので

$$\alpha = -\frac{1}{20}\,\mathrm{mm} \times (20 - 8) = -0.60\,\mathrm{mm}$$

となり，物体の長さの読み取り値から α を引いて測定値とする。

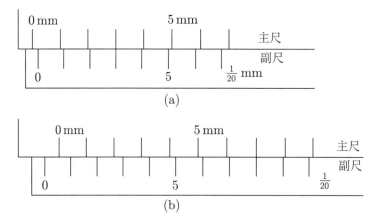

図 3.5　零点の検査

(b) 測定

物体の長さまたは球の直径などを測るには，B, D の間に物体を差し入れ，CD を軽く押し付けて (物体が B, D を摩擦しながら滑る程度) 読み取る。順序は

i. 副尺の零点の位置を主尺上で読む。

ii. 主尺と副尺が一致している場所をさがす。副尺については 3.2 節を参照せよ。

iii. 測定値を求める。数回繰り返す。

iv. その平均値に零点の補正をほどこす。たとえば

$$28.65\,\mathrm{mm} - (+0.15\,\mathrm{mm}) = 28.50\,\mathrm{mm}$$

$$28.65\,\mathrm{mm} - (-0.60\,\mathrm{mm}) = 29.25\,\mathrm{mm}$$

のようにする。

また管の内径を測るには，A および C が管の内側を摩擦しながら回る程度に AB, CD を内側に押し付けて測定する。値を読むときにネジ S を回して V が動かないようにしておくと便利である。

<注意>

i. AB,CD をあまり強く物体に押し付けると，測ろうとする物体を歪ませてしまったり，AB, CD を曲げて器械を狂わせたりするから注意が必要である。

ii. 球の直径を測るときは，たがいに直角な 3 直径 d, d', d'' を測定して平均しよう。もし球の体積 V を求めるのであれば

$$V = \frac{\pi}{6} \times d \times d' \times d''$$

から計算すればよい。これは物体を球に近い楕円体とみなしているからである。

iii. ノギスは副尺のドイツ語 Nonius のなまりといわれている。

3.4 マイクロメータ

1. 名称および用途

   くわしくはスクリューマイクロメータ，マイクロメータスクリュー，またはマイクロメータワイヤーゲージなどと称する。以下略してマイクロメータという。物体の厚さ，針金の直径などを測る際に用いられる。

2. 構造

   略図を図 3.6 に示す。測定物はアンビル A とスピンドル C の間にはさんで測る。A はフレーム F に固定さ

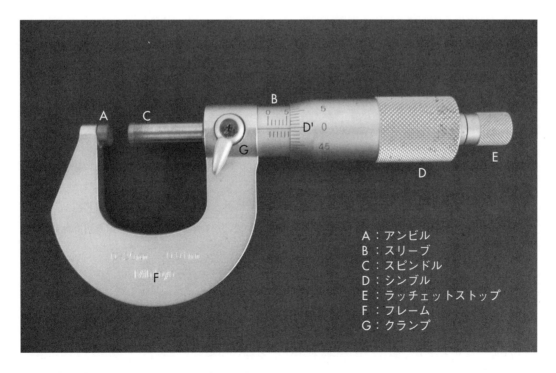

A：アンビル
B：スリーブ
C：スピンドル
D：シンブル
E：ラッチェットストップ
F：フレーム
G：クランプ

図 3.6 マイクロメータの概略

れ，表面はなめらかに磨いてあって，スピンドル C の表面と密着させることができる。シンブル D またはラチェットストップ E を回転させれば，C は左右に移動する。

物体を AC 間にはさんだとき，その大きさを読み取るには 2 つの目盛を用いる。1 つはフレームに固定されたスリーブ B の表面に刻んである目盛で，これは上下たがいに 0.5 mm の間隔をもつ。

他の 1 つはシンブル左端 D′ の円周上に刻まれた 1/100 mm の精度をもつ円周の 50 等分目盛である。スリーブの内側でスピンドルの雄ネジと雌ネジがかみ合っているが，そのピッチは 0.5 mm である。したがって，C すなわち D または E が 1 回転すると，D′ の左端は B の目盛上で 0.5 mm ずれる (図 3.7)。また，円周を 50 等分したのが D′ の目盛であるから，その 1 目盛は物体の厚さにして 0.5 mm × 1/50 = 0.01 mm に該当するわけである。ラチェットストップは A と C との間に物体をおいたときや A，C を互いに触れさせたときに，AC 間に必要以上の圧力が加わって物体をつぶしたり，AC 面やネジ山を傷つけることがないようにするためのもので，ある程度以上の圧力が生じれば E は空転する。

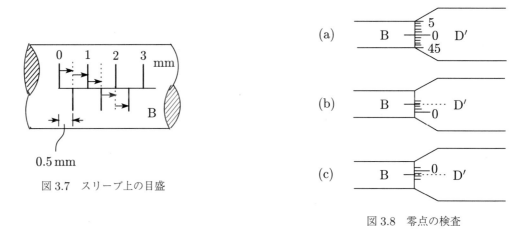

図 3.7 スリーブ上の目盛

図 3.8 零点の検査

したがって C を A または物体に触れさせるとき，はじめ D をまわし，触れるほどに近くなったら E を持って回さなければならない。なお，A や物体に接触させるときは E をねじる速度をできるだけ小さくする。大きな速度で締めると慣性のため行き過ぎて真の値より小さくでる恐れがある。

3. 使用法

マイクロメータによる測定の順序をつぎに示す。

（a）零点の検査

物体を測定する前にまず零点を調べる。E を回して A，C を接触させ，E が軽く 2，3 回転空回りする音が聞こえたらとめ，B および D′ の尺度で零点の位置を読む。図 3.8(a) のように D′ 尺度の零が B 尺度の中央線に一致していれば問題はない。一般にはずれているので，そのときは，そのずれ $\alpha (\leqq 0)$ を読んで，物体をはさんだときの読みから差し引いて測定値としなければならない。また一般に中央線が D′ 尺度の目盛線と一致することはないから目分量で読み取って 1/1000 mm まで読む。図 3.8(b)，(c) の例を下に示す。

表 3.3 零点の補正計算

	零点の位置	補正 (読み取り値：x mm)
(b)	$+2.3 \times \frac{1}{100}$ mm	$x - 0.023$ mm
(c)	$-(50 - 48.7) \times \frac{1}{100}$	$x - (-0.013) = x + 0.013$ mm

読み取りの時に D′ 目盛が回転しないようにクランプ G(または G′) を利用する。

（b）物体の厚さの測定

AC 間に物体を入れ，物体に C を触れて，E を軽く空転させる。G(または G′) で止めて，目盛を 1/1000 mm まで読む。つぎに表 3.3 のように零点の補正を行って，厚さの測定値を求める。

(c) 針金の直径の測定

針金の断面は一般に円でなく楕円形をしているので, 1 個所につき必ずたがいに直角方向に直径を測ってその点の平均直径とし, 全長の何個所にもわたって測定し, 平均をとる。

<注意>

(a) 空転の機構をもたないマイクロメータを用いるときは, いつも一定の圧力で軽く物体を押し付けるように E を回して測る。あまり強く E を回すと物体をつぶしたり, マイクロメータをこわしてしまう。

(b) 1/1000 mm まで目分量で読み取ることは, 実は目測の練習である。器械製作上の誤差, 温度変化による誤差, 測定時圧力の変化による誤差, あるいは測定平面 A, C の凸凹などが重なって, われわれの実験では ±0.001 mm の精度で値を求めることは実際上困難である。

(c) ふつうのマイクロメータでは 2.5 cm 位までの大きさが測れる。

3.5 ダイヤルゲージ

1. 名称および用途

ダイヤルゲージは, キャリパーやマイクロメータのように測定物のサイズ自体を直接測るものではなく, 他の何らかの基準との差や変位を測る測定器 (比較測定器と呼ばれる) である。長針と短針の読み取り値がスピンドル先端 (測定子) の位置を表すので, 測定子が変位する前後の長針・短針の読み取り値の差をとることにより, 測定子の変位が求められる。通常, ダイヤルゲージそのものを手に持って使用することはせず, ステム部分や背面部分を治具で固定して用いる。

2. 構造

略図を図 3.9 に示す。スピンドルは上下にスライドするようになっており, 自由な状態ではバネの力により, スピンドルが伸びきった状態になっている。スピンドルの伸び縮みは, 歯車などによって機械的に拡大され

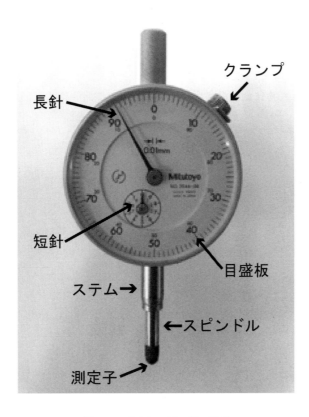

図 3.9 ダイヤルゲージの概略

て長針と短針の回転に反映される。通常，ダイヤルゲージをステム部分や背面部分を利用して治具で固定し，スピンドル先端 (測定子) を測定対象物に接触させて測定に用いる。測定子の上下方向の変位に応じて長針と短針が動くが，たとえば，本実験で用いるダイヤルゲージ (3.9) は，測定子が 1 mm 上に変位すると，長針が時計回りに 1 回転し，短針が反時計回りに目盛り「1」だけ動く。長針用の目盛りは，1 周が 100 等分されており，1 目盛り (最小目盛り) が 0.01 mm に対応する。1 目盛りの十分の一まで目測で読み取ることにより，0.001 mm まで測ることができる。長針用の目盛板は回転するようになっており，たとえば，長針の初期位置に目盛板のゼロを合わせることもできる。目盛板の固定にはクランプを用いる (軽く固定するだけで十分である)。

3. 使用法

(a) ダイヤルゲージおよび測定物の固定

ダイヤルゲージを適当な治具を用いて固定する。その際，スピンドルの可動範囲内に物体 (測定物) の測定面が入るように固定位置を調整する (実験途中でスピンドルが伸びきった状態や縮みきった状態にならないように注意する)。スピンドルを縮めて，測定子の下に物体を入れ，測定子を物体の測定面に静かに接触させる。測定面と測定子が垂直になるように注意する。特に大事なのは，測定面の変位方向がスピンドルの可動方向と一致するように物体やダイヤルゲージの方向・位置を調整することである。この調整が不十分な場合，ダイヤルゲージで調べた変位量が，測定面の実際の変位量から大きくずれることになる。

(b) 測定

長針と短針，両方の目盛りを読み，そのときの測定子の位置として記録する。うっかり短針の読みを忘れる場合が多いので注意すること。既に上で述べたように，測定子が 1.000 mm 変位すると，長針が丁度 1 回転し，短針が目盛り「1」だけ動く。長針の目盛り板は 1 周 (1 mm) が 100 等分されているので，最小目盛りは 0.01 mm となる。長針に関しては，最小目盛りの十分の一まで目測で読み取る。たとえば，長針の読みが 32.1，短針の読みが 4 とすると，このときの測定子の位置 ((測定値) は，

$$4\,\mathrm{mm} + 32.1 \times 0.01\,\mathrm{mm} = 4.321\,\mathrm{mm} \tag{3.6}$$

となる。測定面が粗い場合は，測定面上の測定子の位置を複数回変えて測定し，それらの平均をとる。

<注意>

(a) スピンドルを乱暴に手で動かさないこと。

(b) 高い精度で測定するためには，温度変化による誤差，測定平面の凸凹などに十分に注意を払う必要がある。

3.6　尺度つき望遠鏡

1. 構造

図 3.10 に示してあるのは尺度つき望遠鏡の 1 例である。図の望遠鏡は，スケール S が付属している長い筒 A が主体で，この中に前後から B，C の 2 つの筒が差し込まれている。レンズ系はつぎの 2 つのレンズからなっている。

対物レンズ (O)：A 筒，上下角度調整ネジ D および左右角度調整ネジ F で視野を調整する。

接眼レンズ (E)：B 筒および C 筒，十字線がはっきり見えるように C 筒を回して調整し，ラックピニオン G を回して B 筒を前後し目的物体に焦点を合わせる。

2. 使用法

(a) 十字線の明視調整

望遠鏡を使うときは，最初に十字線が明瞭に見えるように C 筒の位置を調整しなければならない。C 筒は回転スライド式になっており，C 筒にある突起部分を目印にして回転させながらスライドさせる。望遠鏡によっては抵抗が大きくスライドさせにくいものもあるので注意する。また，C 筒は B 筒にねじ込

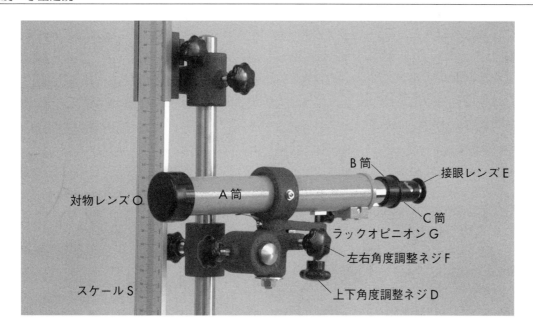

図 3.10　尺度つき望遠鏡の外観

みされており，B 筒と C 筒の境界には十字線が入っている。不用意に C 筒を B 筒からはずすとこの十字線を切断するおそれがあるので，この点も注意する。

(b) 目的物に焦点を合わせること

　望遠鏡の結像は図 3.11 のようになっている。対物レンズ O で物体 PP′ の実像を接眼レンズ E の焦点

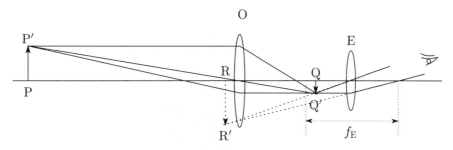

図 3.11　望遠鏡の結像の原理

距離 f_E 内に一度つくり，その倒立実像 QQ′ を E で拡大して RR′ なる虚像として見るわけである。このためには C を出し入れして合わせればよいが，物体が近いときにはもっと筒を長くしなければならないから，C で調節できなければ A を伸ばす。

3.7 で述べる光のてこ (図 3.12) による測定において望遠鏡で観察するのは，小さな鏡に映っている 1 mm 刻みの物指である。その配置は図 3.13 のようになっており，この場合には少しこつを要するのでをもとにその大要を説明しておく。

まず望遠鏡のある位置から望遠鏡をのぞかずに肉眼でみて鏡 M の中に何が映っているかをさがす。手や紙などを動かしてみるとすぐわかるが，その位置が眼すなわち望遠鏡の位置からあまり上下左右ともずれていたら鏡 M を少し動かして眼の近くのものがうつるようにする。つぎにスケール付き望遠鏡の筒のすぐ上から見通して M の中にスケールが映るように，望遠鏡全体 (スケール，台とも) を左右に少し動かし，スケールが見える位置を探して固定する。それができたら望遠鏡をのぞいてまず鏡の像を出し，M を視野のまん中にくるようにこまかく望遠鏡の向きを調節する。その上で M までの距離の 2 倍の位置にあるスケールの像 P′ にピントを合わせ直せばよい。

(c) 視差をなくすこと

　このようにして物体に焦点が合うと，その虚像と十字線の虚像とが重なって見えるので，十字線の交点

を目印とすればよい。しかし，物体の虚像と，十字線の虚像とが同一平面上にできていないと不都合が起こる。たとえば尺度上の十字線の交点の位置を読み取る場合に，眼の位置を少し上下 (または左右) にずらすと読みが異なってくる。眼の位置の違いによって十字線と物体の像との重なり方が違うから読みに誤差が生じる可能性がある。それゆえ，E の前で眼をわずかに上下 (または左右) に振り動かして，十字線と物体とが相対的にずれないように G を調節する必要がある。

3.7　光のてこ

　測定しようとする量の変化が小さく，したがってそれに相当する器械の変位が小さい場合には，拡大して測定しなければならない。小さい移動量の拡大にはてこ仕掛けがもっとも一般に用いられている。とくに，てこの棒に相当するものとして，直進する光束を利用すれば，質量が無視されるだけにいくらでも長くでき，高感度の拡大系が得られる。光のてこ (optical lever)(図 3.12) はその中の 1 つである。

　光のてこは 3 脚または 4 脚をもつ台とそれに鉛直な 1 つの鏡よりなっている。3 脚をもつ台の場合，図 3.13 のように，鏡面は，脚 A，B の先端を結ぶ線を水平軸として C 点の上下に伴い，水平軸のまわりで回転する。脚 C の下に薄片を挿入するか，またはわずかに高さを変化する装置をおけば，その変化は鏡に対しておかれた尺度つき望遠鏡の方法によって容易に測定される。

　いまこの方法によって薄板の厚さを測る例をあげる。

　まず三脚 ABC を平面台上におき，望遠鏡 T の十字線上に尺度 S(スケール S) の y の位置が明瞭に認められるように M，S，T を調整する。つぎに与えられた薄板を針先 C の下にはさむと，C は α だけ傾いて C′ の位置にくる。したがって，鏡 M はやはり α だけ回転して M′ となる。また望遠鏡の十字線の位置は尺度 S 上を y から y' に移動

図 3.12　光のてこ (Ewing の装置にセットされた状態)

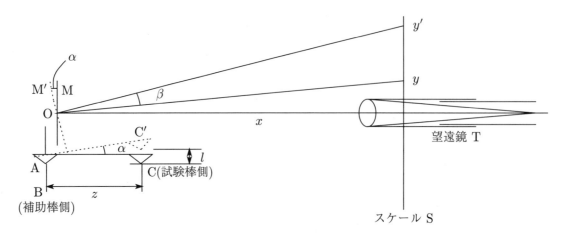

図 3.13　光のてこによる測定原理

する。このとき yOy' 角を β とすれば

$$\beta = 2\alpha = \frac{y' - y}{x}$$

ただし x は尺度 S と鏡 M との距離で y, y' に比して十分大きくとる。したがって，求める薄板の厚さを e とすれば

$$e \approx z\alpha = \frac{z(y' - y)}{2x}$$

ただし，z は針先 AB 線と C の間の垂直距離を表し，板の厚さ e に比して十分大きいとする。

3.8 ストップ・ウォッチ

　ストップ・ウォッチは，時間を測るための手頃な器械で，特別な精度を必要としないときに多く用いられる。時計が正しい歩度を示すのは定常的に動いているときだけである。したがって，機械式のストップ・ウォッチの始動と停止によって時間を読むのは，そのことだけで，すでに歩度の狂いを認めたことになる。なぜならいままで静止していた時計を一瞬のうちに一様な速度の作動状態に変えることも，逆に一定の速さで動いている時計を急に停止させることも力学的には不可能だからである。変化の際には必ず加速や減速を伴うものである。したがって，ストップ機構は観測者がただ 1 人しかおらず，現象の観測と時間の測定の 2 つを同時に行うことのできないやむを得ない場合にのみ用いるべきである。電子式のストップ・ウォッチについては上記の点は特に問題とはならない。ラップ表示機能を使うことで容易に経過時間を知ることできるので，周期の測定などではこの機能を使うと便利である。

　2 人以上の観測者のある場合は，ストップ・ウォッチを観測の始まる少し前に動かしておき，1 人は観測すべき現象を見，1 人は時計を見ながら相手の合図によってその瞬間の針の位置を読み取るようにする。この場合針はつねに動いているので位置を読むのはなかなか難しい。そこでつぎのようにする。たとえば，0.2 秒刻みの機械式ストップ・ウォッチでは，1 秒の間を針のとびに応じて 1，2，3，4，5，1，2，3，4，5，… と頭の中で数えながら追ってみる。こうすると合図が 3 のときであれば 0.6 秒であることが直ちにわかって読みやすい。電子式ストップ・ウォッチでは先に述べたラップ表示機能を使うことで容易に時刻を読み取れる。しかし，合図をする側にも少し注意がいる。ある瞬間に急にサインを出したのでは時計を読む者の準備ができていない。そこでたとえば 10 回ごとに時刻を読むような場合には，7，8，9 とあらかじめ声を出して相手に注意をうながし，10 回目には物をたたくなどできるだけ短いはっきりした合図をおくるとよい。一般に合図を聞いてからある動作をするまでには多少の時間的遅れがあり，その値は個人差，熟練の度合によって異なっている。ただこの遅れの誤差は動作のたびにそれほどちがった値をとるわけではない。したがって，終りの時刻からはじめの時刻を差し引けば，両者に含まれている遅れの誤差は相殺される傾向にある。ストップ・ウォッチはその構造上比較的短い時間を読むのに適しており，かなり長い時間間隔にはむしろ普通の時計のほうがよい。

　＜注意＞

1. 機械式のストップ・ウォッチの歩度はゼンマイがあまりゆるんでいると遅れるから，はじめにゆるみきっていないかどうか調べておく。
2. 時計を手に握りしめて測定するのは感心できない。実験室内では机上などに静かにおいて読むべきである。時計の温度が測定中に変化することは，機械式のストップ・ウォッチばかりでなく電子式のストップ・ウォッチにおいても内部にある水晶振動子の周期に影響を与え，計測時間の誤差となって現れる。
3. 時計は一様に刻んでいけば十分であって，進み遅れが全くないようにすることは不可能である。したがって測定値から計算された平均値などに，時計固有の進みまたは遅れを補正して測定結果とする。

3.9 温度計，湿度計および気圧計

1. 温度計
　温度計を正しく使用するにはいろいろの補正がいる。たとえば，0°C (氷点)，100°C (沸点) の検定，毛細管の太さの不均等による目盛の補正，測定物外に露出している部分の温度の違いによる補正などである。

しかしこれらの補正法は相当面倒なので，実際には正確に検定された標準温度計と使用する温度計とを恒温槽内に並立させて両者の温度を比較し，校正表を作るのが普通である。

温度計の目盛を読むには視差に注意する。つねに温度計に直角の方向から見るように気をつけないと，コンマ数度の誤差がすぐ入ってくる。視差をなくすために，温度計の背後に小さな鏡を取り付け，眼の映像と水銀柱の頂点が重なるようにして読むとよい。

なお読むときに，あまり顔を近づけると，体温の影響や，呼気のかかることが誤差の原因となるから，この点にも注意する。

＜注意＞

実際に使用する温度計は，特に指定しない限りその目盛が正しいものと見なして読んでよい。

2. 乾湿球湿度計

気温 $t\,[^\circ\text{C}]$ において $1\,\text{m}^3$ の空気中に含むことのできる最大の水蒸気の g 数すなわち飽和水蒸気の量を

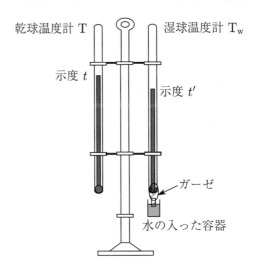

図 3.14　乾湿球湿度計

$Q\,[\text{g/m}^3]$ とし，実際に $1\,\text{m}^3$ 中に含まれている水蒸気の g 数，すなわち水蒸気の量を $q\,[\text{g/m}^3]$ (これを絶対湿度という) とすれば相対湿度 H_r は

$$H_\text{r} = \frac{q}{Q} \times 100\,(\%) \tag{3.7}$$

と定義される。普通の気温では q および Q はかなり小さな値をとる。したがって，ボイルの法則はつねに成立すると仮定することができる。いま $t\,[^\circ\text{C}]$ の空気中の水蒸気の分圧を p，また $t\,[^\circ\text{C}]$ における飽和水蒸気圧を P とすれば，水蒸気に対するボイルの法則より

$$\frac{q}{Q} = \frac{p}{P} \tag{3.8}$$

これは，たとえば $1\,\text{g}$ の水蒸気の体積 $v\,[\text{m}^3]$ について $pv = \text{const.}$ より

$$p \propto \frac{1}{v} \propto q \tag{3.9}$$

となることからわかる。ゆえに H_r は式 (3.7) と式 (3.8) より

$$H_\text{r} = \frac{p}{P} \times 100\,(\%) \tag{3.10}$$

乾湿球は 2 本の同形の温度計 T, T_w を図 (3.14) のように並置したもので，T_w の球部は目の細かい薄い布で包まれ，布の他端は水つぼの中に入っている。水は毛管現象でのぼり，球部をうるおすから T_w は湿球と呼ばれる。これに対し気温を示す T を乾球という。

布を昇った水は徐々に蒸発して T_w の球部から熱を奪うので，T_w の示度は T より低い温度を示すようになり，やがて一定温度に落ちつく。この平衡状態について考えてみよう。熱的平衡状態にあるというのは，熱

の出入がバランスしているということである。T_w の球部は水の蒸発によって熱をうばわれるが, また同時に周囲より温度が低いために熱の供給を受ける。この両者が釣合ったときに T_w は一定の温度 t_w を示すわけである。単位時間について, T_w から蒸発により奪う熱を q, 周囲から T_w に与えられる熱を q' とすれば

$$q = q' \tag{3.11}$$

が熱平衡の条件式である。蒸発量を単位時間に $m\,[\mathrm{g}]$ とすれば, 蒸発の潜熱を $A\,[\mathrm{cal/g}]$ として, q は

$$q = mA \tag{3.12}$$

と書ける。この m は蒸発速度であって, 空気が乾燥しているほど蒸発が速いわけである。ゆえに湿球温度 t_w に対する飽和水蒸気圧を P_w とすれば, m は不飽和の程度を示す。すなわち $P_w - p$ に比例する。また m は大気圧 B に反比例することも知られている。ゆえに

$$m = K\frac{P_w - p}{B} \tag{3.13}$$

$$q = KA\frac{P_w - p}{B} \tag{3.14}$$

ここに K は比例定数である。一方, 周囲の $t\,[^\circ\mathrm{C}]$ に比べて湿球の $t_w\,[^\circ\mathrm{C}]$ が低ければ低いほど余計に熱が流れ込むはずであるから, q' は $t - t_w$ に比例する。

$$q' = C(t - t_w), \qquad C\text{: 比例定数} \tag{3.15}$$

ゆえに式 (3.11) から

$$KA\frac{P_w - p}{B} = C(t - t_w) \tag{3.16}$$

式 (3.16) から p を求めると

$$p = P_w - aB(t - t_w) \tag{3.17}$$

ただし, $a = C/KA$ である。この a は理論的には定められず, 実験的に求めるほかない。風があれば蒸発は盛んになるから式 (3.14) の K は T_w の球部付近の風速に関係し, したがって a の値もまた風速に関係する。経験によれば

弱い風のある外気中, 風通しのよい大きな部屋では	$a = 0.0008$
風のない外気中, 開放した大きな部屋では	$a = 0.0009$
小さな部屋では	$a = 0.0010$

を採用するのがよい。相対湿度 H_r は式 (3.10) より

$$H_r = \frac{p}{P} \times 100 = \frac{P_w - aB(t - t_w)}{P} \times 100\,(\%) \tag{3.18}$$

として求められる。

<使用法>

(a) 水つぼに水を入れる。湿球が濡れてから数分もたてば湿球の示度が落ちつくから, そのとき乾球の $t\,[^\circ\mathrm{C}]$ と同時に $t_w\,[^\circ\mathrm{C}]$ を読む。

(b) 気圧 B はフォルタン気圧計で読み, それを補正した値を使う (注意 (2b) およびつぎの 3 を参照せよ)。

(c) t, t_w に対する飽和蒸気圧は表から読み取る。小数点以下が表になければ比例法で計算する。

(d) a の値を選定して H_r を計算する。

<注意>

(a) ここでは温度計に狂いがなく, T, T_w は全く同じ形のものと仮定している。しかし実際には乾, 湿球を互いに交換して t, t_w それぞれ 2 回の測定値の平均をとるようにしたほうがよい。

(b) フォルタン気圧計の測定の時刻と乾湿球を読む時刻との間に多少のずれがあってもさしつかえない。

3. フォルタンの気圧計

この気圧計はいわゆるトリチェリーの真空を利用して大気圧を精密に測る装置である。すなわち，一端を閉じたガラス管に水銀を満たして水銀槽の中に倒立させたとき，槽内の水銀面から管中の水銀面までの高さが，その時その場所における大気圧を示すことになる。この水銀柱の高さを $H\,[\mathrm{m}]$，水銀の密度 $\rho\,[\mathrm{kg/m^3}]$，重力加速度を $g\,[\mathrm{m/s^2}]$ とすれば，大気圧 $P\,[\mathrm{Pa}\,(=\mathrm{N/m^2})]$ は

$$P = \rho g H \tag{3.19}$$

で表される。式 (3.19) では P と H とは互いに比例するから，大気圧を表すには P のかわりに，水銀柱何 m と表現してもよいわけである。しかし式 (3.19) をみればすぐ気が付くように，H は ρ, g に関係して変化する。一方，ρ は温度に依存し，g の値は場所によって異なる。したがって，緯度，高さ，気温などの違う 2 つの地点で測った P の値が仮に同じであっても，そのときの水銀柱の高さ H は等しくならない。このような不合理を解消して，各地点の気圧を水銀柱で互いに比較できるようにするためには，P の項が等しいときには H も等しくなるように ρ, g の影響をなくすればよい。つまり ρ, g の値をそれぞれ標準値 ρ_0, g_0 に換算して，それに対応する H をもって大気圧の値とするのである。

ρ_0, g_0 としては

$$\rho_0 = 13595.1\,\mathrm{kg/m^3} = 0\,{}^\circ\mathrm{C}\ \text{のときの水銀密度}$$

$$g_0 = 9.80665\,\mathrm{m/s^2} = \text{標準の重力加速度 (1901 年国際度量衡総会)}$$

を採用する。したがって式 (3.19) より

$$P = \rho g H = \rho_0 g_0 H_0 \tag{3.20}$$

となり，標準値 ρ_0, g_0 を用いて換算した H の値 H_0 は，

$$H_0 = \frac{g\rho}{g_0\rho_0} H \tag{3.21}$$

より求められる。すなわち H_0 を計算するには，重力および密度の換算が必要である。これらをそれぞれ，重力補正，密度の温度補正という。そのほかにも，水銀柱が細いガラス管内にあるために起こる毛管現象や，気圧計付属の物指が温度によって伸縮することなどを考慮に入れて補正しなければならない。前の式 (3.21) における H_0 はすでに読み取り値 H' に毛管補正や尺度の温度補正を加えた値である。

われわれが 1 気圧といっているのは，H_0 が 0.76000 m のときで

$$1\,\text{気圧} = 13595.1 \times 9.80665 \times 0.76000 = 101330\,\mathrm{N/m^2}$$

となり，また $1\,\mathrm{Pa} = 1\,\mathrm{N/m^2}$ であるから

$$1\,\text{気圧} = 101330\,\mathrm{Pa} = 1013.3\,\mathrm{hPa}$$

である。

さて水銀柱の高さの読み取り値 $H'\,[\mathrm{mmHg}]$ に加えるべき補正は，上述のように毛管補正，温度補正および重力補正であるが，これらをつぎの順序で計算する。

(a) 毛管補正

水銀はガラスをぬらさないから，表面張力のため，水銀柱は真の高さよりいく分低くなっている。この低下は管の内径が小さいほど大きく，また表面張力，したがって水銀面の凸形によっても異なる。この読み取り値に補正すべき降下量は実験的に求められた表の中で，管の太さおよび水銀面の降起に応じた値をさがせばよい。それを ΔH_1 とすれば補正後の値 H_1 は

$$H_1 = H' + \Delta H_1, \qquad \Delta H_1 > 0 \tag{3.22}$$

(b) 温度補正

気圧計の尺度は，その温度が $0°C$ のときにのみ正しい値を示す。また水銀柱の高さによる圧力表示は $0°C$ のときの値である。もし気圧計の温度 (これは気温に等しいと見てよい) が $0°C$ より高いと，伸びすぎた尺度で測ることになって水銀柱の読み取り値は実際より小さくでるし，一方，水銀の密度は $0°C$ のときに比べ小さいので，水銀柱の高さは $0°C$ のときより大きくなっている。この 2 つに対して温度補正が必要になる。

   i. 尺度の補正

   物指が $t\,[°C]$ のときの 1 目盛は $0°C$ のときの 1 目盛の $(1+\alpha t)$ 倍になる。ゆえに t のときの尺度の読みを $H_1(\Delta H_1$ は補正ずみ) とすれば正しい値 H は

$$H = H_1 \times (1 + \alpha t) \qquad \alpha : 尺度の線膨張率 \tag{3.23}$$

   である。この H が式 (3.21) の中に代入されるべき値である。尺度は通常真鍮製で $\alpha = 1.9 \times 10^{-5}\,\mathrm{deg}^{-1}$ 程度であるから式 (3.23) は

$$H = H_1(1 + 1.9 \times 10^{-5}t) \tag{3.24}$$

   となる。

   ii. 密度の補正

   密度は体積に反比例するから $0°C$, $t\,[°C]$ のときの水銀の密度をそれぞれ ρ_0, ρ とし，水銀の体膨脹率を β とすれば

$$\rho_0 = \rho(1 + \beta t) \tag{3.25}$$

   である。また $\beta = 1.82 \times 10^{-4}\,\mathrm{deg}^{-1}$ であるから式 (3.21) の ρ/ρ_0 は

$$\frac{\rho}{\rho_0} = \frac{1}{1 + \beta t} = \frac{1}{1 + 1.82 \times 10^{-4}t} \approx 1 - 1.82 \times 10^{-4}t \tag{3.26}$$

から求めることができる。

(c) 重力補正

前に述べたように気圧 P は重力加速度 g によっても変わる。したがって g と重力の標準値 $g_0(= 9.80665\,\mathrm{m/s^2})$ との比を求めるには，普通 Helmert の式を用いる。すなわち

$$\frac{g}{g_0} = 1 - 2.64 \times 10^{-3}\cos 2\phi - 3.15 \times 10^{-7}h \tag{3.27}$$

この式 (3.27) 中第 2 項は緯度 45° への補正で ϕ は測定地点の緯度，第 3 項は海面上への補正で，h は測定地点の高さを海抜で m を単位に表したものである。

以上の式 (3.22), (3.23), (3.26), (3.27) を式 (3.21) に代入すれば

$$H_0 = \frac{g\rho}{g_0\rho_0}H \tag{3.28}$$
$$= (H' + \Delta H_1)[(1 + 1.9 \times 10^{-5}t)(1 - 1.82 \times 10^{-4})]$$
$$\times (1 - 2.64 \times 10^{-3}\cos 2\phi - 3.15 \times 10^{-7}h) \tag{3.29}$$
$$= (H' + \Delta H_1)(1 - 1.63 \times 10^{-4}t)(1 - 2.64 \times 10^{-3}\cos 2\phi - 3.15 \times 10^{-7}h) \tag{3.30}$$

ゆえに

$$H_0 \approx H' + \Delta H_1 - 1.63 \times 10^{-4}tH' - (2.64 \times 10^{-3}\cos 2\phi - 3.15 \times 10^{-7}h)H' \tag{3.31}$$

すなわち

$$H_0 \approx H' + \Delta H_1 + \Delta H_2 + \Delta H_3 \tag{3.32}$$

の形で H_0 が得られる。ここに

$$H' : 読み取り値 \tag{3.33}$$
$$\Delta H_1 : 毛管補正値\ (> 0) \tag{3.34}$$
$$\Delta H_2 : 温度補正値\ (= -1.63 \times 10^{-4}tH' < 0) \tag{3.35}$$
$$\Delta H_3 : 重力補正値\ (= -(2.64 \times 10^{-3}\cos 2\phi - 3.15 \times 10^{-7}h)H' < 0) \tag{3.36}$$

＜方法＞

気圧計の構造およびその細部は，図 3.15 に示してある。G はガラス筒で中に水銀を入れた皮袋の容器 F がある。その底はネジ S に支えられ。S を回すことによって底は上下し水銀面 A の位置も上下に移動する。容器のふたには象牙針 I が取り付けてあり，その先端を A の基準面の位置と定めている。倒立したガラス管 H は真鍮管 K で保護され，H の中の水銀柱の高さを測る主尺 M と副尺 V，温度計 T などが K に付属している。また気圧計を鉛直の位置に固定するための 3 個のネジ E がある。

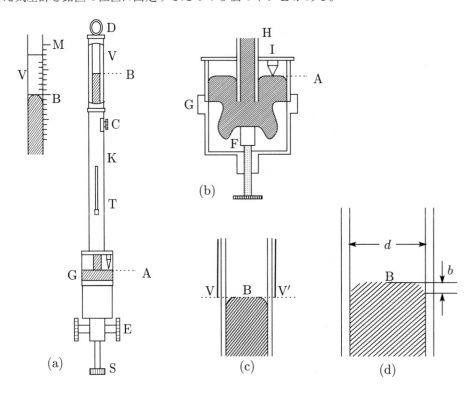

図 3.15　気圧計の構造

気圧計の調整と測定の順序を述べる。

（a）まず気圧計を鉛直にする。それにはネジ E を 1 個ずつゆるめて気圧計が動くかどうかを調べ，どのネジをゆるめても全く動かなくなるまで 3 本のネジを加減して止める。

（b）温度計 T で指度 t_1 [℃] を読む。

（c）同時に時刻を読む。気圧は時間とともに変化するから測定時刻を定めなければならない。

（d）水銀槽内の液面 A が針 I の先端と一致するように調節する。そのためにはまず S を回していったん A を I から離して下げたあと徐々に押し上げていく。A が清浄であるときは，I と水銀面 A に映る像とが各々その尖端をちょうど接触するように調節すればよい。もし A が汚れていで I の像がよく見えないときには，一度水銀面を十分に下げてから徐々に上げるようにすると，汚れは壁面に付着して残り，表面は清浄になる。この A と I の接触の操作は基準面を決めるのであるから，気圧測定中では最も重要である。しかし，接触の判定はなかなかむずかしい。A と I の一致が悪いときはそこで誤差を生じ，水銀柱の上部 B の位置を，たとえ正しく読んでも意味がなくなる。

（e）このようにして基準面 A が定まったならば，副尺 V を用いて水銀柱の上端 B の位置を測る。B の付近の窓は裏側も開いていて，そこに V と同じ高さを保ちつつ上下する V′ がついている。そこでまず水銀柱上端に当る管側を軽く叩いて，水銀の凸面がきれいな曲面になるようにする。次にネジ C を回して V と V′ の下端を結ぶ直線が水銀の湾曲面の頂点 B に接するようにして，図 3.15(c) のように読み取る。B の高さは 1/1000 m (1 mm) までを主尺で，1/10000 m (1/10 mm) は副尺で読む。これで I の先端を起点とした水銀柱の長さが測れたわけである。

（f）再度水銀面 A と針先 I との接触をやりなおし，水銀柱上端 B の位置を読み取る。このような測定を敏速

に 10 回くらい繰り返す。

(g) 読みの終了と同時に温度計を読む。この t_2 と前の t_1 の平均を測定温度とする。

(h) 時刻を読む。

(i) 水銀柱の読みの平均をとり H' [mmHg] を求める。

(j) 補正の計算をする。

     i. ΔH_1(毛管補正値)

       水銀面降起の高さ b は図 3.15(d) に示すとおりで，これを測定し，b と管の内径 d から表によって ΔH_1 を求める。

     ii. ΔH_2(温度補正値)

       前述

     iii. ΔH_3(重力補正値)

       前述

＜注意＞

(a) 緯度 45° の海面上の重力加速度 $g_0 = 9.80665 \, \mathrm{m/s}^2$ は少し古い値で，その後修正されているが，換算には慣習として上の値がそのまま使われている。

(b) 測定のとき，あまり体を近付けるとその影響で温度が上がるので注意する。

3.10 電流計，電圧計

電流計や電圧計を用いる際は正しい状態におき，その形式や精度などを知って使用すべきである。針が目盛板から離れているから視差に注意して直角に板の真正面から片目で読む。この目的のため，鏡が入ったものがあるが，これは指針と像とが重なった位置で目盛を読めばよい。電流計，電圧計には目盛板にその形式精度などが符号で示されている。これを図 3.16 に示す。図 3.16 の符号は目盛板に記載があるので，その内容を読み取り正しい方法でその計器を用いなければならない。

永久磁石可動コイル形は直流用の最も普通の計器で，短時間ならばかなりの過電流に耐えるが，振り切ったときは電源スイッチを手早く切る。可動鉄片形は交流用の普通の計器で，目盛が 2 乗形に近く，小目盛のところは誤差が大きい。たとえば 5 V 程度の電圧を 100 V の目盛範囲のもので測ることは不可能に近い。

静電形，熱電形は高周波電流計に用いられるが，過電流には非常に弱い。

整流形は亜酸化銅などの整流器をもった交流電圧計で，いわゆるテスターなどに用いられている。比例目盛なので使いやすい。10 kHz 以下の周波数の交流に正しい値を示す。

＜注意＞

電流，電圧の値が見当のつけられないときには，できるだけ大きな値の測定できる計器につないである値以下であることを確かめてから，はじめてそれに合うような小さな値を測れる計器につなぎかえて精度を上げる。

1 つの計器で，いくつかの端子がついていて，接続の仕方で測定できる範囲が変わるものがある。目的に応じて接続のしかたを変えた方がよい。

用　　途		直流回路および / または直流応答の測定素子
		交流回路および / または交流応答の測定素子
		直流および / または交流回路および / または直流および交流応答の測定素子
取付姿勢		目盛板を鉛直にして使用する計器
		目盛板を水平にして使用する計器
		目盛板を水平面から傾斜した位置　(例　60°) で使用する計器
階　　級	0.2 級	定格値の ±0.2%　　　　　　　　　副標準器
	0.5 級	定格値の ±0.5%　　　　　　　　　精密測定 (携帯用 (鏡つき))
	1.0 級	定格値の ±1.0%　　　　　　　　　普通測定
	1.5 級	定格値の ±1.5%　　　　　　　　　工業用普通測定 (大型配電盤用)
	2.5 級	定格値の ±2.5%　　　　　　　　　確度に重きをおかない　(小型パネル用)
動作原理	永久磁石可動コイル形 (文字記号　M) 可動鉄片形 (文字記号　S) 空心電流力計形 (文字記号　D)	誘導形 (文字記号　I) 振動片形 (文字記号　V) 静電形 (文字記号　E)	熱電形 (文字記号　T) 整流形 (文字記号　R)

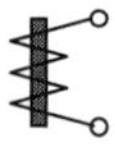

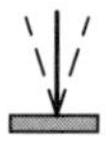

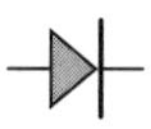

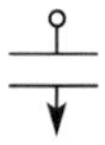

図 3.16　JIS C 1102 に基づく計器の表示分類

第Ⅱ部

各論

共通実験項目群

実験 1.

基礎的測定

1.1 目的

　与えられた金属棒について体積およびある軸に対する慣性モーメントを求める。この測定を通じ，マイクロメータやキャリパーの使い方を覚え，有効数字を論じ，誤差計算を行う。他に温度計，乾湿球湿度計および気圧計の読みの練習をする。

1.2 用具

　金属棒，マイクロメータ，キャリパー

1.3 方法

　円柱状試料の直径 D と長さ l を測定し，その体積 V と慣性モーメント I を計算する。

1. 長さの測定
   (a) 長さ l はキャリパーを用いて $0.05\,\mathrm{mm}$ の精度で多方向から測定する。
   (b) 直径 D はマイクロメータを用いて $0.002\,\mathrm{mm}$ の精度で棒の端や中央部など場所を変えて測定する。
2. 体積の計算

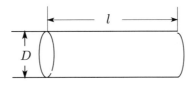

図 1.1　円柱状の金属試料

体積を計算する場合には測定に供した試料が測定結果から，円柱であるという仮定をする必要がある。この場合，試料の体積 V は

$$V = \pi \left(\frac{D}{2} \right)^2 l \tag{1.1}$$

のように与えられる。式 (1.1) の両辺の対数をとって微分すると

$$\frac{\mathrm{d}V}{V} = \frac{\mathrm{d}\pi}{\pi} + 2\frac{\mathrm{d}D}{D} + \frac{\mathrm{d}l}{l} \tag{1.2}$$

となり，したがって，誤差は

$$\mathrm{d}V = \left(\frac{|\mathrm{d}\pi|}{\pi} + 2\frac{|\mathrm{d}D|_{\max}}{D} + \frac{|\mathrm{d}l|_{\max}}{l} \right) V \tag{1.3}$$

となる (式 (1.3) 中の max は maximum の意味である) ので，結果を有効数字の桁を考えて

$$V \pm \mathrm{d}V \tag{1.4}$$

の形で表す。ここで円周率は $\frac{|\mathrm{d}\pi|}{\pi}$ の値が測定値の誤差 $\left(\frac{|\mathrm{d}D|}{D} と \frac{|\mathrm{d}l|}{l}\right)$ よりも小さくなる値を使用せよ。なお，直径 D はマイクロメータによる測定のほかに，キャリパーでも測定し，両者による誤差を比較する。

3. 慣性モーメント

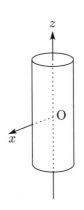

図 1.2　試料に設定した円筒座標

図 1.2 のように棒の軸を z 軸として，その中心を通り軸に対して直角に x 軸をとる。質量を M とし試料は均質であると仮定すると，x 軸に対する慣性モーメント I_x を求めると

$$I_x = M\left(\frac{l^2}{12} + \frac{D^2}{16}\right) \tag{1.5}$$

それゆえ

$$\frac{\mathrm{d}I_x}{I_x} = \frac{\mathrm{d}M}{M} + \frac{\mathrm{d}\left(\frac{l^2}{12} + \frac{D^2}{16}\right)}{\frac{l^2}{12} + \frac{D^2}{16}} \tag{1.6}$$

$$= \frac{\mathrm{d}M}{M} + \frac{\frac{l}{6}\mathrm{d}l + \frac{D}{8}\mathrm{d}D}{\frac{l^2}{12} + \frac{D^2}{16}} \tag{1.7}$$

さらに金属棒の質量 M はその密度を ρ とすると $M = \rho V$ のように得られるから

$$\frac{\mathrm{d}M}{M} = \rho\frac{\mathrm{d}V}{V} \tag{1.8}$$

となる。式 (1.5)，式 (1.7)，式 (1.8) を用い体積の場合と同様に誤差計算を行ない，結果を

$$I_x \pm \mathrm{d}I_x \tag{1.9}$$

の形で表す。

＜注意＞

1. 測定に供する金属棒は 4 種類であり，その密度は以下のようになっている。

金属棒	密度 [$\times 10^3 \mathrm{kg/m^3} = \mathrm{g/cm^3}$]
Al	2.6989
Fe	7.874
Cu	8.96
黄銅 (真鍮)[70%Cu, 30%Zn]	8.5

2. 式 (1.5) の右辺の各項の誤差は機械誤差，偶然誤差の両者をくらべて大きいものを採用する。このことは今後の実験でも同様である。

実験 2.

超伝導体の電気抵抗測定

2.1 目的

この実験では典型的な高温超伝導体の一つであるイットリウム系銅酸化物高温超伝導体の電気抵抗を室温から液体窒素温度（77K）付近まで測定し，超伝導状態において電気抵抗がゼロになることを観測する。さらに，超伝導状態における完全反磁性 (マイスナー効果) についても観測する。

2.2 背景

1911 年にカマリン・オンネスが水銀の超伝導を発見して以来，多くの金属が低温で超伝導になることが知られるようになった。超伝導状態にない通常の金属では，電気抵抗は温度に比例して変化し，磁場中の反磁性の効果は小さい。金属が低温で超伝導状態になると， ①電気抵抗が消失 (完全伝導性)， ②試料中の磁束密度がゼロ (完全反磁性：マイスナー効果)，となる。特に，電気抵抗の消失はジュール熱によるエネルギー損失なしに電流を流せることを意味する。このため，医療用 MRI 診断装置や磁気浮上高速列車 (リニアモーターカー) などの強力電磁石に既に応用されているほか，無損失送電などへの応用も期待されている。

本実験で用いる試料は 1987 年に発見されたイットリウム系銅酸化物超伝導体 $YBa_2Cu_3O_7$ である。$YBa_2Cu_3O_7$ の超伝導転移温度 T_c は最高で 90 K 程度であり，液体窒素の沸点 77.4 K (液体窒素温度とも呼ばれる) より高温である。T_c より高温の常伝導状態では，$YBa_2Cu_3O_7$ の電気抵抗は金属的な温度依存性を示す。本実験では，まず室温付近から液体窒素温度以下まで温度を下げながら直流 4 端子法により試料の電気抵抗を測定し，その温度依存性の特徴と超伝導転移温度 (T_c) を求める。

次に，超伝導状態の $YBa_2Cu_3O_7$ 試料の上に，磁石が浮上する現象を観測する。このような磁気浮上は，磁石からの磁力線が試料のごく表面に流れる超伝導電流によって遮蔽され試料の中まで侵入できないことにより起こる。超伝導体の内部は磁場がゼロ (完全反磁性) となっている.

2.3 装置

デジタルマルチメーター 2 台 (電圧測定器，抵抗測定器)，定電流発生器，クライオスタット，ネオジム磁石，高温酸化物超伝導試料 ($YBa_2Cu_3O_7$)

2.4 測定原理

本実験では，温度を変えながら直流 4 端子法で試料の抵抗を測定する。抵抗測定で用いる装置は，電圧測定器と定電流発生器である。温度測定には白金抵抗温度計を用いる。白金抵抗温度計は，広い温度範囲においてその電気抵抗が温度にほぼ比例して変化するため，低温実験でよく用いられる温度計の一つである。白金抵抗温度計の抵抗値と温度の対応表を用いて，抵抗測定器により測定した白金抵抗温度計の抵抗値を温度に換算する。

2.4.1 直流 4 端子法と電流反転法

図 2.1 に示すように，試料には電流を流すための電極端子 2 つ (電流端子：I_+ と I_-) と電圧測定用の電極端子 2 つ (電圧端子：V_+ と V_-) がつけてある (合計 4 端子)。試料の電流端子は定電流発生器に，電圧端子は電圧測定器につながっている。単純に試料の抵抗 R_S を求めるには，試料を流れる電流を I，試料の電圧端子間の電位差 (または電圧) を V として，オームの法則を用いて $R_S = \frac{V}{I}$ を計算すればよい。しかし実際には，① 試料の端子と測定器の間のリード線抵抗 R_L，② 試料を冷却したときにリード線に温度勾配がつくことにより発生するリード線の熱起電力 $V_{熱}$，③ 試料と端子の間の接触抵抗 R_C，などの寄与が試料自身の抵抗による電圧 (IR_S) に加わって測定される。このため，精密に抵抗を測定する際には，それらを取り除く必要がある。電流端子と電圧端子を分けて設ける 4 端子法の場合，以下のように①〜③を容易に取り除くことができる。電圧測定用のリード線の抵抗や熱起電力，接触抵抗を考慮すると，測定される電圧は，電圧用のリード線を流れる電流を I_L として，

$$V = IR_S + 2I_L R_L + 2V_{熱} + 2I_L R_C$$

と表せる。ここで，電圧測定器の内部抵抗 (数 10MΩ) が試料の電気抵抗 (数 Ω) よりも十分大きいことに注目すると，電圧端子から電圧測定器へ流れる電流 I_L は無視できる。すなわち，$I_L R_L$ および $I_L R_C$ の寄与は無視できる。次に，$V_{熱}$ は温度勾配だけで決まるので，電流 I の向きを変えても変わらないことに注目し，試料に流す電流を＋の向きと，－の向きに流した場合の電圧端子間の測定電圧 V_+ と V_- を考える。V_+ と V_- はそれぞれ，

$$V_+ = IR_S + 2V_{熱}$$
$$V_- = -IR_S + 2V_{熱}$$

となるので，両者の差をとると，

$$V_+ - V_- = 2IR_S$$

となる。両辺を $2I$ で割ると，R_S が以下のように得られる。

$$R_S = \frac{V_+ - V_-}{2I}$$

このように，測定した電圧から試料に非本質的な成分を取り除き，試料に固有の抵抗値を求めることができる。端子を 4 つ設けて測定する方法を 4 端子法，電流を反転し熱起電力をキャンセルする測定方法を電流反転法という。

2.4.2 白金抵抗温度計

物理学において物質などの平衡状態を記述するために用いられる温度は，熱力学で熱力学第 2 法則を用いて定義される熱力学的温度目盛りをベースとするものである。単位はケルビン (K) と摂氏 (℃) がある。ケルビン (K) の単位は，厳密にはボルツマン定数 k_B から定義されるが，大体，水の 3 重点（気相，液相，固相が共存する温度）が 273.16 K に対応すると考えてよい。摂氏 (℃) の値はケルビン (K) の値から 273.15 を引いたものとなる。

$$T(℃) = T(K) - 273.15K$$

熱力学的温度を厳密に決めるのは容易ではないため，実用的な温度測定には固体の電気抵抗の温度変化を利用したものや気体の圧力の温度変化を利用したものなどが用いられる。特に，白金抵抗温度計は，その再現性の良さと安定性，抵抗の温度依存性が比較的直線的であること (図 2.2) などから，14 K〜1235 K 程度の広い温度範囲において精密な温度測定によく用いられる。

本実験においても，室温から液体窒素温度までの温度測定に白金温度計を用いる。抵抗値と温度の対応表は装置の近くに置いてあるので，抵抗値を温度に換算する際にはそれを利用すること。

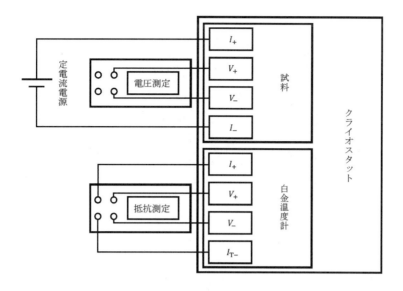

図 2.1 直流 4 端子法の概略図

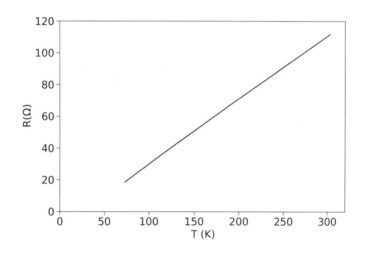

図 2.2 白金抵抗温度計の抵抗の温度依存性

図 2.3 クライオスタット外観

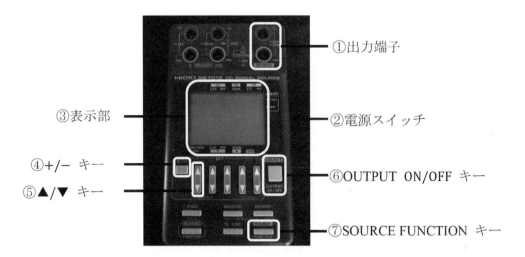

図 2.4　定電流発生器のパネル

図 2.5　測定器 (上：電圧発生器，下：抵抗測定器) のパネル

2.5　方法

2.5.1　電気抵抗の温度依存性

(a)　定電流発生器および測定器 (デジタルマルチメーター) のパネルの説明は図 2.3 および図 2.4 に示されている。ただし，2 台重なっている測定器のうち，上の測定器（デジタルマルチメーター）を電圧測定用，下の測定器を抵抗測定用とする。まず，試料の正の電流端子 (I_{S+}) と負の電流端子 (I_{S-}) を定電流発生器の出力端子①，試料の正の電圧端子 (V_{S+}) と負の電圧端子 (V_{S-}) を電圧測定器の入力端子Ⓐ，白金温度計の正の電流端子 (I_{T+})，負の電流端子 (I_{T-})，正の電圧端子 (V_{T+}) と負の電圧端子 (V_{T-}) を抵抗測定器の入力端子Ⓐにそれぞれ接続する。

(b)　次に，定電流発生器の電源スイッチ②を ON(右側)，測定器の電源ボタンⒹを ON にし，抵抗測定器の抵抗測定キーⒷを 2 回押し，4 端子抵抗測定 (4W) に切り替える。さらに，定電流発生器の SOURCE FUNCTION キー⑦を 2 回押し，定電流出力に設定し，一番左側の▲キー⑤を 1 回押し，発生電流を 10.000 mA(③に表示される) に設定し，OUTPUT キー⑥を押して定電流を流す。

(c)　測定データを記録するために表 2.1 のような表を作成する。その際，室温から 100K 付近までは温度間隔が 10K 程度，100K 以下の温度領域については温度間隔が 1K 程度になるように，温度計の抵抗値を算出し（各実験台に備え付けの別表および最後の補足を参照)，対応する温度とともに各欄に記入しておく。測定で表を使うので，エクセル等を用いて準備した場合は，表を印刷しておく。印刷したら，一度，教員または TA に

確認してもらうとよい。

表 2.1 データ整理例 (単位に適当なプリフィックスをつけてよい)

温度計の抵抗値 [Ω]	温度 T [K]	試料電圧 V_+ [V]	試料電圧 V_- [V]	試料抵抗 R_S [Ω]
⋮	⋮	⋮	⋮	⋮

(d) ここからが測定となる。TA あるいは教員を呼び，クライオスタット (図 2.3 参照) の冷媒室へ液体窒素を所定の量だけゆっくり注入してもらう (標準的な量は試料部を挿入する前の状態で液面深さ 10cm 程度)。

(e) 冷却のスピードが速すぎる場合は，クライオスタット内部のプローブホルダーを一旦ぬき，液体窒素の沸騰が安定してからあらためてプローブホルダー (図 2.3 参照) をクライオスタットの液体窒素内に静かに挿入するとよい。

(f) 挿入後，温度低下とともに，徐々に温度計の抵抗値 (抵抗測定器のⒸに表示される) が減少する。温度計の抵抗値が (c) で作成した表 2.1 の抵抗値に近いところになったら，そのときの試料電圧 (V_+)(電圧測定器のⒸに表示される) の出力値を記録する (正負の符号を含めて記録すること)。さらに，定電流発生器の + / − キー④ を押して極性を負に切り替え，試料電圧 (V_-) の出力値を記録し，極性を正に戻す。このような操作を温度低下がおさまるまで繰り返すことで，出力電圧を記録していく。途中，試料電圧 (電圧測定器) が急激に変化するところでは，可能な限り随時測定を行う ((c) で作成した表のとおりでよい)。

(g) 測定終了後は定電流発生器の電流⑥ を止め，定電流発生器の電源スイッチ① および 2 台の測定器の電源ボタンⒹ を OFF にしておくこと。

(h) 測定した結果を基に，測定した電圧から試料の抵抗

$$R_S = \frac{V_+ - V_-}{2I}\left[\frac{\mu V}{mA}\right] = \frac{V_+ - V_-}{20.000}[m\Omega]$$

を算出し，縦軸に R [mΩ]，横軸に T [K] をとり，抵抗の温度依存性のグラフを描く。グラフ中に，抵抗が急激に下がるところを超伝導転移温度 (転移点)T_c [K] として，明記しておく。

2.5.2 磁気浮上の観測：マイスナー効果

教員あるいは TA が電気抵抗測定の進み具合を見て，磁気浮上の観測実験を行うので，指示にしたがうこと。超伝導状態にある試料 $YBa_2Cu_3O_7$ 上にネオジム磁石をゆっくり置き、その様子を観察する。ネオジム磁石が試料上に浮き上がる様子を観察し，その特徴について気がついたことを列挙すること。

2.6 考察

得られた結果について以下の点を考察せよ。

1. 自分たちの測定では，最終的に試料 $YBa_2Cu_3O_7$ が超伝導状態になったと考えられるだろうか。またその根拠は何か。
2. 本実験で得られた $YBa_2Cu_3O_7$ の超伝導転移温度 T_c は何 K か (実験から T_c を決める際に用いた定義についても簡単に説明すること)。また，その T_c は理科年表における $YBa_2Cu_3O_7$ の T_c と比較してどのようなものであったか。
3. T_c より高温側における電気抵抗の温度依存性の特徴はどのようなものか。
4. 超伝導体の上に浮く磁石の様子から，磁石の磁力線（磁束線）はどのようになっていると考えられるか。簡単な模式図を用いて説明せよ。

問 1　金属の電気抵抗の原因として，どのようなものが考えられるか。

問 2　今回の実験では電流反転法を用いたが，電流反転したときの電圧端子間の電圧を使う代わりに（すなわち，V_- の代わりに），定電流発生器の電流を OFF（すなわち，ゼロ）にしたときの電圧端子間の電圧（$V_{I=0}$ とする）を使って試料に固有の抵抗 R_S を測定することもできる。このような方法で R_S を測定するとき，R_S を与える式はどのようなものになるか。詳しく説明せよ。

問 1　金属の電気抵抗の原因として，どのようなものが考えられるか。

問 2　今回の実験では電流反転法を用いたが，電流反転したときの電圧端子間の電圧を使う代わりに（すなわち，V_- の代わりに），定電流発生器の電流を OFF（すなわち，ゼロ）にしたときの電圧端子間の電圧（$V_{I=0}$ とする）を使って試料に固有の抵抗 R_S を測定することもできる。このような方法で R_S を測定するとき，R_S を与える式はどのようなものになるか。詳しく説明せよ。

実験 3.

光交流法による Ni の比熱

3.1 目的

Ni の比熱を周期的な光照射と位相検波により測定する。

3.2 理論

1. 比熱

    物体に熱量 ΔQ を与えたとき，その物体の温度が ΔT だけ上昇したとする。このとき

    $$C = \frac{\Delta Q}{\Delta T} \tag{3.1}$$

    を物体の熱容量といい，単位質量 (あるいはモル) あたりの熱容量を比熱 (あるいはモル比熱) という。

2. 位相検波

    ある測定系に周期的な刺激を与えたとき，その測定系はその刺激に対して何らかの反応 (応答) を示す。この応答のうち，周期的な外部刺激 (参照信号) と同周期の応答成分を検出することを位相検波という。このとき検出される応答には参照信号と同位相の成分と 90° 位相のずれた成分があり，両者の絶対値が応答の大きさである。位相検波には位相検波増幅器 (ロックインアンプ) を用いる。

3. 光交流法による比熱測定の原理

    微小試料に断続的に光を照射し，その際の試料の温度変動を検出して試料の比熱を求める方法が光交流法比熱測定である。

    今未知試料の単位質量あたりの比熱を C_p, 密度を ρ, 厚さを d, 光に照射される面積を S とする。試料に単位面積あたりの熱量が Q で周波数 f の断続的な光を照射する。このとき，適当な実験条件下では試料に生じた温度振幅の大きさ $|T_{ac}|$ とすると，式 (3.1) より

    $$C_p \rho d S = \frac{SQ}{2\pi f |T_{ac}|} \tag{3.2}$$

    で与えられる。一方，未知試料と同じ測定条件での単位質量あたりの比熱 $C_p{}^R$ が既知の参照試料 (密度 ρ^R, 厚さ d^R, 面積 S^R) の測定を行うと，式 (3.2) と同様に

    $$C_p{}^R \rho^R d^R S^R = \frac{S^R Q^R}{2\pi f |T_{ac}{}^R|} \tag{3.3}$$

    となる。同し測定条件のもとでは試料に単位面積あたり照射される熱量は等しい $(Q = Q^R)$。したがって，式 (3.2) と式 (3.3) より未知試料の比熱 C_p は

    $$C_p = \frac{C_p{}^R \rho^R d^R |T_{ac}{}^R|}{\rho d |T_{ac}|} \tag{3.4}$$

    として得られることわかる。式 (3.4) からこの測定では一様な厚さと密度をもつ試料が最適であることがわかる。

3.3 装置

中高温光交流法比熱測定装置，E 熱電対 (クロメル-コンスタンタン熱電対)，Ni 標準試料 (厚さ $100\,\mu$m)，DGF(カーボンスプレー)

図 3.1 に測定装置の外観を示す。測定システムのブロックダイアグラムは図 3.2 のようになっている。測定の動作原理の概略を以下に示す。

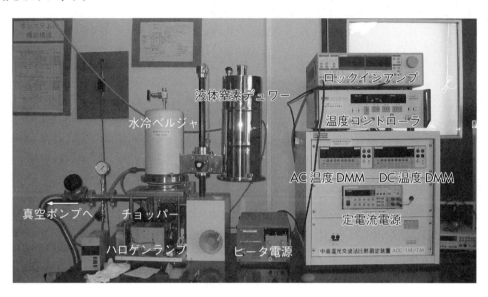

図 3.1 中高温光交流法比熱測定装置の外観。DMM は Digital MultiMeter の略である。

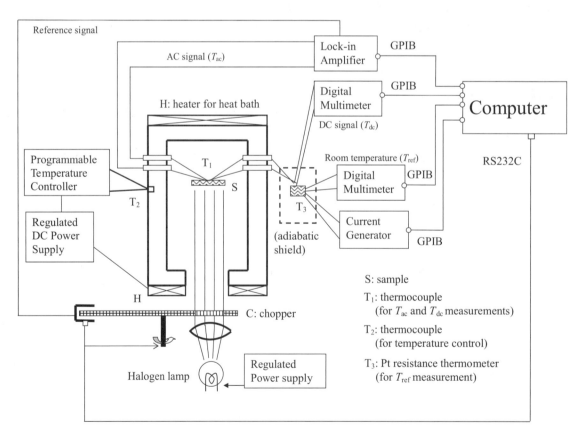

図 3.2 光交流法比熱測定システムのブロックダイアグラム

1. ハロゲンランプの光はチョッパー C により周期的な断続光として試料に照射される。これにより試料 S の温度は周期的に変化する。

2. この温度を熱電対 T_1 により検出し，その温度信号をロックインアンプにより位相検波して増幅する (T_{ac})。

3. 参照信号はチョッパーの回転周期を検出するように取り付けられたフォトセンサーにより作られ (Reference signal)，ロックインアンプに入力される。

4. 試料の温度は熱電対 T_1 の DC 温度 T_{dc} と白金抵抗温度計 T_3 の温度 T_{ref} によって得られる。なお T_{ref} は定電流電源と DMM と用いた直流 4 端子法で測定している (直流 4 端子法については実験 2 を参照のこと)。

5. これらの信号は直接，あるいはデジタルマルチメータ (DMM) から GPIB インターフェースを介してコンピュータに取り込まれる。

6. 熱浴温度は熱電対 T_2 で検出され，プログラム温度コントローラで制御されたヒータ電源により，熱浴に取り付けられたヒータ H が加熱され熱浴温度を変化させる。

3.4 方法

1. 試料温度測定用 E 熱電対の作製
   (a) 専用の台紙に線径 $25\,\mu\mathrm{m}$ のクロメル線 (＋ 側) とコンスタンタン線 (− 側) を中央部で絡めて交差させ，クラフトテープを用いてはる (図 3.3 を参照)。

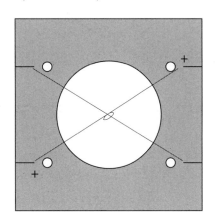

図 3.3 試料取り付け用台紙。線の端はクラフトテープで固定する。この図では接点部分の交差を緩めて表示している。

   (b) テスターを用いて ＋ と − 間に導通があることを確認する。

2. 試料の取り付け
   (a) Ni 標準試料 (面積 $5{\times}5\,\mathrm{mm}^2$，厚さ $100\,\mu\mathrm{m}$) を銀ペーストを使って作製した試料温度測定用 E 熱電対の接点部分に取り付ける。
   (b) 熱電対が取り付けられた面と反対の面にカーボンをスプレーする。
   (c) 水冷ベルジャを上に上げ，試料固定部の試料固定金具をはずし，カーボンがスプレーされた面を下にして試料温度測定用 E 熱電対をセットする。試料固定金具をネジ止めして熱電対線を固定する。
   (d) 余分な熱電対を切って台紙を取り外す。
   (e) 水冷用ベルジャをセットし，ベルジャ内を真空ポンプで減圧の後，高純度ヘリウムを使って 3 回ヘリウム洗いを行う。
   (f) ヘリウム洗いの後，ベルジャ内に $50\,\mathrm{Torr}$ のヘリウムを導入する。

3. 測定
   (a) コンピュータの電源を入れ，測定用プログラムを起動する。
   (b) プログラムメニューにしたがって制御系のチェックおよび未知試料の登録を行う。標準試料の登録の必要はない。
   (c) 「室温熱容量測定」では測定周波数として $1{\sim}10\,\mathrm{Hz}$ を指定する。このとき得られる $|T_{ac}|$ の逆数を各測

定周波数でプロットし，線形性が確保されている領域を選んで測定周波数 f を決定する。したがって推奨周波数は無視してよい。

(d) 比熱測定画面の「DMM リセット」を行う場合には，中高温光交流法比熱測定装置の背面にある熱電対出力用の BNC コネクタをショートした状態で使用する。

(e) 全測定時間およびサンプリング間隔を決めて測定を開始する。

(f) 数回測定し正常に動作していることを確認する。

4. 昇温方法

(a) プログラム温度コントローラで最高温度 (preset temp, 単位は °C), 温度変化率 (rate, °C/time) および最高温度での保持時間 (dwell time) を設定する (この測定では最高温度 500 °C, 温度変化率 5 °C/time, 保持時間 1 min とする)。

(b) 時間の単位は走査パネル左側のストラップスイッチで決定する (いまの場合には min を選択する)。

(c) 測定が正常に行われていることを確認してから昇温を開始する (コントローラの前面右端にあるストラップスイッチを inc 側に上げればよい)。

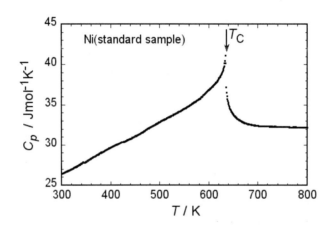

図 3.4　Ni 標準試料の比熱 (例)。T_C は Ni の強磁性転移温度を示している。

3.5　考察

得られた結果について以下のような点を考慮して考察せよ。

1. 標準試料の測定データから式 (3.4) を用いて未知試料の比熱を算出せよ。

2. Ni の強磁性転移に伴う比熱異常を確認せよ。

3. 図 3.4 の Ni の比熱の温度依存性における T_C における変化は強磁性転移によるものである。このような相転移を示さない固体の比熱がどのような温度変化をするか調べよ。

4. この転移点を含まない十分広い温度領域からこのような異常を伴わない場合の比熱曲線を仮定し，これと測定値から Ni の強磁性転移に伴うエントロピーを見積もれ。

実験 4.

エックス線の反射と干渉

4.1 目的

　エックス線 (X 線) はアルファ線 (α 線)，ベータ線 (β 線)，ガンマ線 (γ 線) などと同様，放射線の一種である。学術研究から医療，産業まで広く利用されており，その性質を正しく理解することは非常に重要である。ここでは，エックス線の波としての性質を理解するために，エックス線の反射と干渉により生じる回折線を粉末エックス線回折装置により観測する。

4.2 理論

　エックス線は電磁波の一種であり，通常の波と同様，振幅や周期，波長で特徴付けられる。エックス線の波長領域は 0.01 ～ 数十 nm 程度であり，この波長と同程度の間隔で周期的に並んでいる原子の集団 (結晶) にエックス線が入射すると，波の特徴である回折や干渉が顕著に見られる。

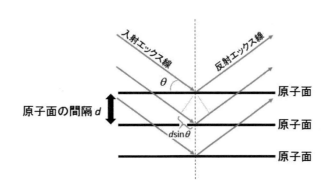

図 4.1　エックス線の回折

　エックス線が結晶に入射し，結晶内の平行な原子面により鏡のように反射されるとする。鏡面反射では入射角は反射角に等しい。各原子面は入射したエックス線 (入射波) の全てを反射するのではなくその一部を反射する (通常はわずか 10^{-3} ～ 10^{-5} 程度)。各原子面からの反射波が強め合う場合には，回折エックス線として観測されるが，強め合わない場合は，各原子面からの反射波が打ち消し合って非常に弱くなり，回折エックス線は観測されない。エックスが回折する条件を調べるために，図 4.1 のように互いに間隔 d で平行に並んでいる原子面を考える (一枚一枚の原子面を水平な平行線で示している)。図 4.1 のような入射波とその反射波を考えると，隣り合う面から反射されたエックス線の行路差は $2d\sin\theta$ となる。この θ は面から測った角である。隣り合う原子面から反射されたエックス線は行路差が波長 λ の整数倍 (n) になるとき，干渉して強め合い，回折エックス線として観測される。したがって，回折エックス線が観測される条件は，

$$2d\sin\theta = n\lambda \tag{4.1}$$

となる。これがブラッグの法則 (Bragg law) である。各原子面での入射エックス線の鏡面反射は任意の角度 θ で起こり得るが，波長がある一定値 (λ) をとる場合に回折線となって結晶の外で観測されるのは，原子面全体からの反射が強め合う特定の角度 θ のときのみである。

－用語説明－

結晶 (crystal)

一定の外形を持ち，力を加えても簡単には変形しないものを「固体」と呼ぶが，固体は原子が規則的に整然と並んだ「結晶」(たとえば，水晶など) と呼ばれるものと，それ以外 (たとえば，ガラスや木片，プラスチックなど) に分けることができる。たとえば，二酸化ケイ素 (SiO_2) を成分とする固体では，原子が整列して結晶状態にある「水晶」と，液体状態のまま凍ってしまった「石英ガラス」とがある。本章では結晶によるエックス線の回折現象を観測する。

回折 (diffraction)

一般に，電磁波や音波など波が障害物に当たったときに，幾何光学的な予想とは異なる方向に進む現象のことである。たとえば，平行光線を幅の狭い単一のスリットに当てると，スリットと同じ幅の光線となってスリットから出て行くのではなく，スリットの裏面の影の方に光が回り込み，光線が広がってスリットから出て行く。

4.3 装置

粉末エックス線回折装置 (リガク MiniFlex300)，試料粉末 (シリコン，グラファイト，塩化ナトリウム)，ガラス試料板 (試料ホルダー)

4.4 方法

以下の実験を，物理学実験スタッフ (教職員あるいはティーチングアシスタント) と一緒に行う。装置各部の名称や使用手順の詳細については装置に付してあるプリントも参照すること。

1. 粉末エックス線回折装置の起動
   (a) 装置背面のサーキットプロテクタが ON になっていることを確認する。
   (b) 装置背面の電源ブレーカーを ON にし，前面のパワー ON スイッチを押す (図 4.2)。
   (c) Door Lock ボタンが点滅するので，Door Lock ボタンを押す。
   (d) パソコンの電源スイッチを押して ON にし，MiniFlex Guidance を立ち上げる。このとき，ゴニオメーター，検出器，アタッチメントの初期化が自動的に行われる。
   (e) 装置前面の OPERATE ランプが黄色に点灯していることを確認する。また，HV ENABLE キーが取り付けられていることを確認する。OPERATE ランプが黄色に点灯していれば装置は正常である。本装置は HV ENABLE キーが取り付けられていないと安全のためエックス線が発生しない仕組みになっている。

   以上の操作で装置の起動は完了である。
2. 試料の準備
   ガラス試料板の凹部に試料を入れ，別のガラス試料板で試料測定面と試料板表面が一致するように均一に試料を充填する (図 4.3)。試料面が試料板面とずれると角度誤差が発生するので注意すること。
3. 測定
   (a) 試料を充填した試料板を装置内の試料台に取り付けて，MiniFlex Guidance の「パッケージ測定」－「汎用測定」で測定する。
   (b) 「パッケージ測定」－「汎用測定」を開き，測定データを保存するフォルダ名，ファイル名，サンプル名を入力する。「条件設定」ボタンをクリックすると，測定条件を入力することができる。

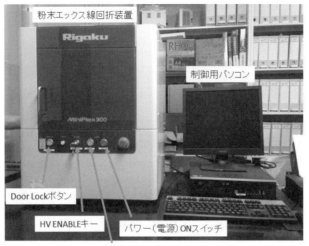

図 4.2　粉末エックス線回折装置

図 4.3　ガラス試料板 (試料充填前 (左) と充填後 (右))

(c)「条件設定」ボタンをクリックし，指定した測定条件 No. をクリックし，「実行」欄をクリックして
　 チェックを ON にする。続けて測定条件を入力する。入力すべき測定条件は，別紙に記載されているの
　 で，詳しくはそれを参照すること。参考までに，典型的な条件を以下に記す (検出器が D/teX Ultra の
　 場合)。

－設定条件－

エックス線：　30 kV，10 mA

発散スリット：　DS = 1.25″ (可変スリットのみの場合，IHS 10 mm を入れる)

散乱スリット：　SS = OPEN

受光スリット：　RS = OPEN

　　　　Ni フィルターは受光スリットの位置に入れる。Ni フィルターは標準厚さ (0.015 mm) と 2 倍厚さ
　　　　(0.030 mm) の 2 種類あるが，標準厚さで K_β 線が問題になる場合に 2 倍厚さを用いること。

スリット条件：　可変＋固定スリットシステム (可変スリットのみの場合，DS 部分に IHS 10 mm を入
　　　　れる)

スキャン軸：　$2\theta/\theta$

モード：　連続

計数単位： cps

開始角度： 3° 以上

終了角度： 80° 以下

ステップ： 0.02°

スキャンスピード： 20°/min

条件： BG 測定しない

(d) 汎用測定画面の「実行」ボタンをクリックし，測定を開始する。

(e) 測定が終了したら，縦軸を回折エックス線の強度 (cps)，横軸を角度 θ にとって測定データを印刷する。

4. 装置の終了

(a) MiniFlex Guidance の「制御」−「XG 制御」でエックス線「OFF」ボタンをクリックし，エックス線を停止させる。エックス線の発生が停止すると，装置キャビネット上部のエックス線警告灯の黄色ランプが消灯する。

(b) MiniFlex Guidance を終了する (各ウィンドウは開いたままでも構わない)。

(c) パソコンを終了させる。

(d) エックス線の発生を停止させてから，3 分以上経過したら，パワー (電源) OFF スイッチを押す。この「3 分間以上待つ」部分はエックス線の発生源を十分に冷却するためであり，装置を壊さずに使うためにとても重要である。

(e) MiniFlex300 本体背面の「電源ブレーカー」を OFF にする。

(f) 装置のまわりの整理整頓を行う。

4.5 実験上の注意

1. 本装置を含めエックス線回折装置は，回折エックス線の散乱角や強度を精密に決定するために，検出器など様々な部品が精密に調整されている。装置に振動や衝撃を与えないよう注意すること。

2. 上と同じ理由で装置の内部 (試料をセットする際など) の部品に触れないように注意すること。

3. 必ず物理実験スタッフの指示に従って測定を行うこと。

4.6 考察

得られた結果について以下の考察をせよ。

1. ブラッグの法則を用いて，エックス線の回折線が観測された角度から，その回折に関わった原子面群の面間隔 d を求めよ。少なくとも 3 つ以上の回折線について，それぞれ面間隔を求めること。

2. 面間隔をより高い精度で求めることができるのは，低角度側と高角度側のどちらの回折線か。(ヒント：ブラッグの法則で波長 λ を一定とすれば，面間隔は $\sin\theta$ に依存する。すなわち，面間隔の精度は θ ではなく，$\sin\theta$ の精度に依存する。このことと $\sin\theta$ と θ の関係 (グラフを描いてみよ) に注意して考えるとよい。)

問 1 アルファ線，ベータ線，エックス線，ガンマ線の違いは何か。

問 2 ガンマ線や紫外線もエックス線同様，電磁波である。理科年表などから，ガンマ線，エックス線，紫外線の波長領域を調べ，波長の長い順に並べよ。

問 3 試料面がガラス試料板の基準面よりへこんでいる場合，回折線は低角度側と高角度側のどちらにシフトするか。また，逆に基準面より突出している場合はどうか。理由を付して答えよ。

A 実験項目群

実験 5.

ボルダの振り子による重力加速度

5.1 目的

ボルダの振り子を用い，実験室の重力加速度を測定する。

5.2 理論

図 5.1 に示すように，支点 O を通る水平固定軸のまわりの剛体の重力による回転運動の運動方程式は，空気や支点の抵抗を無視すると

$$I\frac{\mathrm{d}^2\theta}{\mathrm{d}t^2} = -Mgh\sin\theta \tag{5.1}$$

と表される。この式で，I は支点 O を通る水平固定軸のまわりの慣性モーメント，θ は鉛直線と支点 O–重心 G を結ぶ直線との間の角度，M は剛体の質量，g は重力加速度，h は支点 O–重心 G 間の距離である。ここで，$\theta \ll 1$ ならば，$\sin\theta \approx \theta$ と近似できるので

$$\frac{\mathrm{d}^2\theta}{\mathrm{d}t^2} = -\frac{Mgh}{I}\theta \tag{5.2}$$

となる (この実験で振れ角 θ を 5° 以下にとれば，その周期に対する誤差は $\frac{1}{1500}$ 以下になる)。この単振動の周期を T とすれば

$$T = 2\pi\sqrt{\frac{I}{Mgh}} \tag{5.3}$$

なので，重力加速度 g は

$$g = \frac{4\pi^2}{T^2}\frac{I}{Mh} \tag{5.4}$$

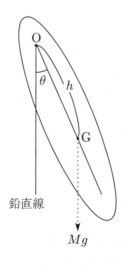

図 5.1 実体振り子

のように与えられる。I の値は，慣性モーメントに関する平行軸の定理を利用して算出する。すなわち，任意の軸のまわりの剛体の慣性モーメント I は，重心を通りこれに平行な軸のまわりの慣性モーメント I_{G} と次の関係で結ばれる。

$$I = I_{\mathrm{G}} + Ma^2 \tag{5.5}$$

ここで，a は振り子の振動面内における支点 O–重心 G 間の距離である。ボルダの振り子の場合には，近似的にその重心 G は，球の中心にあると考えてよいので

$$I_{\mathrm{G}} = \frac{2}{5}Mr^2 \tag{5.6}$$
$$a = h = l + r \tag{5.7}$$

として与えられる。ここで，r は球の半径，l は支点 O から球面までの距離である。これらを式 (5.5) に代入すれば

$$I = \frac{2}{5}Mr^2 + M(l+r)^2 \tag{5.8}$$

となる。なお，圭子と針金自身の慣性モーメントの値はこの I に比べて小さいため無視する。ゆえに，式 (5.4) の重力加速度 g は

$$g = \frac{4\pi^2}{T^2}\left\{(l+r) + \frac{2}{5}\frac{r^2}{l+r}\right\} \tag{5.9}$$

と書くことができる。すなわち，上式から，周期 T，支点 O から球面までの距離 l，および球の半径 r を測定すれば，g が求まることがわかる。

また，これら T, l, r の値を測定値とするとき，g の測定誤差 Δg は以下の式で与えられる。

$$|\Delta g| \leqq g\left(2\frac{|\Delta\pi|}{\pi} + 2\frac{|\Delta T|}{T} + \frac{|\Delta l| + |\Delta r|}{l+r}\right) \tag{5.10}$$

ここで，$\Delta T, \Delta l$ などの値は各測定値の誤差を表し，実質的には測定値とその平均値との差のうち，絶対値が最も大きな値を用いてよい。器差のほうが大きい場合には器差の値を用いる。なお，π は無理数であり，計算するとき π の値として何桁まで用いたか (π の値を何桁で丸めたか) により，π に対する誤差 $\Delta\pi$ を決める必要がある。たとえば，計算に用いた π の値を π_0 とすると，$\pi_0 - \Delta\pi < \pi < \pi_0 + \Delta\pi$ となるように $\Delta\pi$ をとればよい。

5.3　装置

ボルダの振り子，ストップウォッチ，物指し，水準器，キャリパー

5.4　方法

1. 圭子の調整：
   (a) 不動柱 (実験室の壁) に取り付けられた台 A 上には，U 字形平台 B がおいてある。この U 字形平台 B に水準器をのせ，ネジ C_1，C_2 を調節してを水平にする。
   (b) 圭子 E に球錘 G のついた針金をつけ (図 5.2)，図 5.3 のようにおき，10 回ほど振らせてその周期 T を測定してみる。
   (c) 圭子から針金をはずし，圭子だけを 10 回位振らせてその周期 T' を測定し，T' が T に等しくなるようネジ D を調節する。これは圭子による強制振動を共振の状態にして，なるべく全体の周期に影響しないようにするためである。D を上にあげると周期は長く (圭子の動きが遅く) なる。
   (d) 再度，圭子 E に針金をつけ，元のように球錘 G をつるす。
2. 周期の測定：
   (a) 振り子の後ろの壁の中央線と停止時の針金とが重なって見える位置に目印をおき，針金が壁の線を左から右 (または右から左) に通過する瞬間を観測できるようにする。球錘 G の振幅を最大でも 10 cm 程度に抑え，圭子のナイフエッジに垂直な平面内に振動させる。針金が壁の中央線を横切る瞬間にストップ

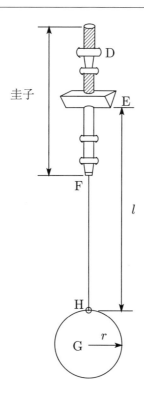

図 5.2　ボルダの振り子

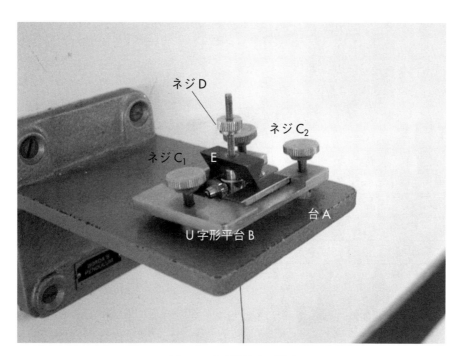

図 5.3　圭子設置時の外観

ウォッチをスタートさせ，測定を開始する。振り子が 190 往復するまでの経過時間を 10 往復ごとにストップウォッチで測定する (ストップウォッチのラップ機能を利用すること)。測定を始める前の振り子の振幅と 190 往復が終わった後の振幅を記録しておく (後の問で用いる)。

(b) 記録した時刻 (測定値) を表 5.1 のようにまとめる。100 周期ごとの経過時間 ($100T$) の平均を求め，これから 1 周期の時間を算出する。

表 5.1 振り子の周期の測定結果

周期	経過時間 t_1	周期	経過時間 t_2	$100\,T = t_2 - t_1$	$\Delta 100\,T = 100\,T - \overline{100\,T}$
0		100			
10		110			
20		120			
30		130			
40		140			
50		150			
60		160			
70		170			
80		180			
90		190			
平均値 $\overline{100\,T}$					
最大偏差 $|\Delta 100\,T|_{\max}$					

$$\text{1 周期の平均値 } \overline{T} = \hspace{3cm} \text{(sec)}$$

3. 振り子の状態の測定:

   (a) 最後に圭子の支点から球錘表面までの距離 (針金の長さではない。また測るときは振動させたときと同じ状態で測るべきで,おろして測ったり,針金をひっぱったりしてはいけない) を物指しで数回測って平均を求める。

   (b) 球錘の半径 r は直径 $d = 2r$ を数個所ノギスで測って平均半径を出す。

   (c) これらの結果は表 5.2 のようにまとめる。

表 5.2 振り子の状態についての測定

	1 回目	2 回目	3 回目	4 回目	5 回目	平均値	最大偏差
支点-球面間距離 l [mm]							
偏差 $\Delta l = l - \overline{l}$ [mm]							
球錘の直径 d [mm]							
偏差 $\Delta d = d - \overline{d}$ [mm]							

$$\text{球錘の半径 } \overline{r} = \frac{1}{2}\overline{d} = \hspace{2cm} \text{[mm]} = \hspace{2cm} \text{[m]}$$
$$\text{球錘の半径の最大偏差 } |\Delta r|_{\max} = \frac{1}{2}|\Delta d|_{\max} = \hspace{2cm} \text{[mm]} = \hspace{2cm} \text{[m]}$$

4. $g,\ \Delta g$ の計算:

   (a) これら表 5.1 および表 5.2 を汎用表計算ソフト EXCEL で作成し,EXCEL のセル中に式 (5.9) および式 (5.10) を入力することで重力加速度 g およびその誤差 Δg を計算する。

   (b) 最終結果は有効数字などを考慮して,

$$g \pm \Delta g \quad [\text{m/s}^2] \tag{5.11}$$

   の形で書く。

5.5 実験上の注意

1. 経過時間の読み取り誤差について

振り子の針金が壁の線を通過してからストップウォッチを押すまでの，いわゆる「おくれ」の時間 (Δt_r) は，平均して 0.1 s くらいである。しかし，2 つの読み取り値 t_1，t_2 の差を求める場合には，このくせによる個人差はかなり減じてくる。実験によれば，Δt_r は観測のたびにそれほど違った値をとるわけではないから，差し引きで相殺されるのである。Δt_r の統計を調べてみると，ふつうの人では，Δt_r のばらつきによる (相殺されない) 誤差は，10^{-2} s 程度とみてよいことがわかる。使用するデジタルウォッチの精度 $<10^{-2}$ s 程度であり，その器械誤差は読み取り誤差よりも小さいと考えられる。実験においては，各 $100T$ の値にかなりのばらつきが認められることもある。これらはなんらかの偶然的状況によるもののほかは，時計の読み取りの不慣れのために生じるものが多い。

2. 測定値の精度について

g の値を精密に求めるのはなかなか難しい。この実験によって得られた g の値の有効数字が何桁なのか，しっかり検討すること。それは誤差計算などからただちに判断できることである。

3. 周期の補正について

はじめの運動方程式で $\sin\theta \approx \theta$ なる近似を採用せずに厳密に解くと

$$T = 2\pi\sqrt{\frac{I}{Mgh}}\left(1 + \frac{1}{16}{\theta_0}^2 + \cdots\right) \qquad (5.12)$$

となる。θ_0 [rad](θ_0 ラジアン) は角振幅である。

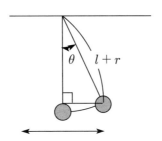

図 5.4　$\sin\theta \approx \theta$ のときの振動

5.6 考察

得られた結果について以下の点を考慮して考察せよ。

1. 得られた g の値は理科年表における室蘭地区 (または室蘭近辺) の重力加速度の値と比較してどのようなものであったか。実験は誤りなく行えたといえるだろうか。誤差はどのようなところから生じたと考えられるだろうか。それは測定装置の精度から考えて妥当な範囲にあるだろうか。

2. 自分たちの測定で最も大きな誤差の要因となったものは何だろうか。またその理由は何か。

3. 100 周期ごとの測定結果に 1 周期以上の違いのあるものはあっただろうか。つまり，数え落としたり重複して数えたりしなかっただろうか。もし 1 周期以上の違いがあったなら，それを除いて考えると g の値はどのようになるだろうか。それは，最初に得た値と比較してどうだろうか。

問 1　時間の観測者の良否を，振り子の針金が壁の線を通過してからストップウォッチを押すまでの遅延時間 Δt_r と，Δt_r が各々の読み取りでばらつくこととの 2 つの因子で判定する。つぎの観測者を測定に適当である順序にならべてみよ。理由も述べよ。

(a) Δt_r が大きく，ばらつきの小さい人。

(b) Δt_r が小さく，ばらつきの大きい人。

(c) Δt_r が大きく，ばらつきの大きい人。

(d) Δt_r が小さく，ばらつきの小さい人。

問 2 球の中心は $l + r$ の半径で円を描く。その角振幅 θ_0 は下の表からすれば，0.1 rad (ラジアン) 以内なら $\sin\theta \approx \theta$ の近似が成り立つ。

θ [rad]	0	0.1	0.2
$\sin\theta$	0	0.0998	0.1987

(a) $\theta_0 = 0.1$ rad ならば，使用した振り子では，球が鉛直線から何 cm 位振れることになるか。

(b) 式 (5.12) において，

$$T \approx T_0 \left(1 + \frac{{\theta_0}^2}{16}\right), \quad \text{ただし } T_0 = 2\pi\sqrt{\frac{I}{Mgh}}$$

として，(a) の θ_0 の値を代入し，T の値の何桁目に $\dfrac{{\theta_0}^2}{16}$ の影響が現れるか調べよ。ただし，$T_0 = 2\,\mathrm{s}$ (※ s は秒) とおけ。

(c) 本日行った実験では鉛直線から何 cm 位振ったか。実験で得られた $100\,T$ の表からみて θ_0 の大小による影響がみられるか。たとえば $(100) - (0) = 100\,T$ から $(190) - (90) = 100\,T$ へ値が一方的に変化してはいないか，検討せよ。

実験 6.

固体の線膨張率

6.1 目的

与えられた金属棒の線膨張率を測定する。

6.2 理論

固体の長さ l は温度 T の関数であって $l = l(T)$ と書くことができる。そして

$$\alpha = \frac{1}{l_0} \frac{\mathrm{d}l}{\mathrm{d}T} \; [\mathrm{K}^{-1}] \tag{6.1}$$

で定義される α を線膨張率という。ここで l_0 は $0\,°\mathrm{C}$ での固体の長さである。固体の場合，膨張の割合が非常にわずかであるから，上の式は l_0 の代わりその温度での長さ l を用いたつぎの式で代用できる。

$$\alpha = \frac{1}{l} \frac{\mathrm{d}l}{\mathrm{d}T} \; [\mathrm{K}^{-1}] \tag{6.2}$$

ふつうの実験では，温度 $T = t_1[°\mathrm{C}]$, $t_2[°\mathrm{C}]$ における試料の長さをそれぞれ l_1, l_2 とすると，これらの温度の間の平均の線膨張率 α は

$$\alpha = \frac{l_2 - l_1}{l_1(t_2 - t_1)} \; [\mathrm{K}^{-1}] \tag{6.3}$$

で与えられる。

6.3 装置

水蒸気発生器，試験棒加熱器，温度計 (2 本)，ダイアルゲージ，mm 尺度，試験棒 (鉄，銅，真鍮 (黄銅)，アルミニウムのいずれか 2 種類)

6.4 方法

図 6.1 に試験棒加熱器の一例を示す。その側面などに備えつけの長さ約 $50\,\mathrm{cm}$ の試験棒は加熱管の上端の穴より挿入する。加熱管内における加熱は水蒸気還流管のゴム管を通じて水蒸気発生器からの環流蒸気によって行う。加熱管の外側には冷えないようにするため，熱絶縁性のよい布を巻いてある。また内部で凝結した水滴は加熱管下部からしたたり落ちる。加熱管内の温度は温度計 $\mathrm{T_A}$, $\mathrm{T_B}$ の示度でわかる。加熱後の試験棒の長さの変化 Δl は，ダイアルゲージを使用して測る (図 6.1)。これを図 6.1 の装置の上端付近に固定し，その先端を，加熱管の中に入れた金属棒の上端にのせたときの加熱前後の読みの差から Δl を知る。

測定の順序はつぎの通りである。

1. 試験棒の全長 l_1 を物指で $\frac{1}{10}\,\mathrm{mm}$ 程度まで測る。

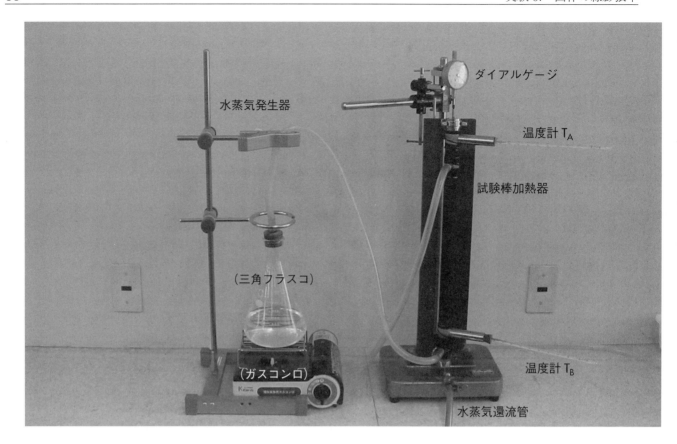

図 6.1 試験棒加熱器とダイアルゲージ

表 6.1 試験棒の長さ l_1 の測定結果

	1 回目	2 回目	3 回目	4 回目	5 回目	平均値 $\overline{l_1}$	$|\Delta l_1|_{\max}$
長さ l_1 [mm]							
$\Delta l_1 = l_1 - \overline{l_1}$ [mm]							

2. 温度計 T_A, T_B を壊さないよう注意しながらコルクごと抜き取って，棒を加熱管上部の所から入れる。

   <注意>

   棒を抜くときは温度計 T_A, T_B を抜き取ってからにする。棒がぶつかって破損する恐れがある。

3. ダイアルゲージの心棒の先端が試験棒の上端にのるようにダイアルゲージ全体を固定する (<注意>を参照のこと)。心棒の先端を一度引っ込めてから再び試験棒に着地させ，ダイアルゲージの目盛を読む。1 目盛 ($\frac{1}{100}$ mm) の $\frac{1}{10}$ まで目分量で読み，$\frac{1}{1000}$ mm まで測定する。ダイアルゲージの読み取りは，ゲージ先端の位置をわずかに変えるなど条件を変えて 5 回以上行う。これらの平均をとって $\overline{x_1}$ とする。読み終ったら T_A, T_B の示度を読み，その平均をとって $\overline{t_i}$ を得る。

4. 水蒸気発生器に水を 6〜7 分目まで入れ，ガスコンロにかけて加熱し，水蒸気を加熱管内に送り込む。T_A, T_B の示度がのぼり，100°C 近くで一定に落着いたら，ダイアルゲージの目盛を上記 3. と同じように 5 回以上読んで平均値 $\overline{x_2}$ を得るとともに，T_A, T_B の示度を読んで管内の温度の平均 $\overline{t_f}$ を得る。

5. 以上の測定を 2 本の試験棒について行い，それぞれの測定結果を試験棒の材質とともに表 6.1〜表 6.3 のようにまとめて記録する。なお，これらの計算には表計算用汎用ソフト EXCEL を用いると便利である。これらの値から平均膨張率 α および α の誤差 $\Delta\alpha$ は次のように計算される。

$$\alpha = \frac{\overline{x_2} - \overline{x_1}}{\overline{l_1}(\overline{t_f} - \overline{t_i})} \quad [\text{K}^{-1}] \tag{6.4}$$

表 6.2 加熱前後の棒の伸びの測定結果

加熱前のダイアルゲージの読み x_1 [mm]

1 回目	2 回目	3 回目	4 回目	5 回目	平均値 $\overline{x_1}$	x_1 の最小値 $(x_1)_{\min}$

加熱後のダイアルゲージの読み x_2 [mm]

1 回目	2 回目	3 回目	4 回目	5 回目	平均値 $\overline{x_2}$	x_2 の最大値 $(x_2)_{\max}$

$$|\Delta(x_2 - x_1)|_{\max} = ((x_2)_{\max} - (x_1)_{\min}) - (\overline{x_2} - \overline{x_1}) = \underline{\hspace{2cm}} \text{ [mm]}$$

表 6.3 温度計の読みの測定結果

加熱前の温度 t_i [°C]

T_A の示度 $t_i(A)$	T_B の示度 $t_i(B)$	平均値 $\overline{t_i}$	t_i の最小値 $(t_i)_{\min}$

加熱後の温度 t_f [°C]

T_A の示度 $t_f(A)$	T_B の示度 $t_f(B)$	平均値 $\overline{t_f}$	t_f の最大値 $(t_f)_{\max}$

$$|\Delta(t_f - t_i)|_{\max} = ((t_f)_{\max} - (t_i)_{\min}) - (\overline{t_f} - \overline{t_i}) = \underline{\hspace{2cm}} \text{ [°C]}$$

$$\frac{\Delta\alpha}{\alpha} \leq \frac{|\Delta l_1|_{\max}}{\overline{l_1}} + \frac{|\Delta(x_2 - x_1)|_{\max}}{\overline{x_2} - \overline{x_1}} + \frac{|\Delta(t_f - t_i)|_{\max}}{\overline{t_f} - \overline{t_i}} \tag{6.5}$$

6. 得られた線膨張率はその誤差とともに

$$\alpha \pm \Delta\alpha \quad [\text{K}^{-1}] \tag{6.6}$$

のように書く。具体的には α と $\Delta\alpha$ との単位をそろえて，試験棒の材質名とともにたとえば次のように書く。

$$(23.0 \pm 0.2) \times 10^{-6} \text{ K}^{-1} \text{ (アルミニウム)}$$

6.5 実験上の注意

1. 測定装置が上図と細部で少し異なる場合でも，原理をよく考えて操作する。
2. 2 本の試験棒の物質についてはその色や重さから各自で判断し，担当教員に確認する。結果に試験棒の材質名を明記する。
3. 測定にあたっては，試験棒とダイアルゲージが直線上に配置するようにダイアルゲージをセットする。
4. 試験棒の端面は丸みを帯びているものがあるが，ダイアルゲージに当たる面は平らな面にするように注意する。
5. ダイアルゲージ全体は，一度セットしたら 1 本の試験棒測定中は動かしてはならない。
6. ときどき水滴は紙片などで吸いとった方がよい。ダイアルゲージや試験棒をぬらしておくとさびるから，実験終了のときやわらかい紙片で軽くぬぐっておく。

6.6 考察

得られた結果について以下の点を考慮して考察せよ。

1. 得られた値は理科年表の値と比較してどのようなものであったか。実験は誤りなく行えたといえるだろうか。誤差はどのようなところから生じたと考えられるだろうか。それは測定装置の精度から考えて妥当な範囲にあるだろうか。

2. 得られた線膨張率の値が理科年表の値と比較して大きく異なる場合，最も大きな誤差の要因となったものは何だろうか。またその理由は何か。

問 ダイアルゲージ側に試験棒の丸みを帯びている面をセットした場合にはどのような不具合が生じるか。測定準備の状況から考えて答えよ。

実験 7.

プリズム分光計

7.1　目的

分光計を用いてプリズムの頂角と最小のふれの角を測定し，プリズム材料の屈折率を算出する。

7.2　理論

頂点を XYZ とする図 7.1 のようなプリズムを透過する単色光の行路が LMM′T であるとし，それが XY および XZ 両面の法線となす角をそれぞれ i, r, r', i' とする。

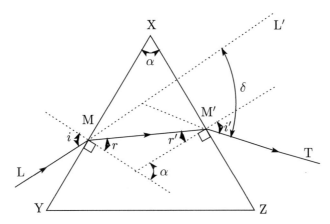

図 7.1　プリズム内を進む光の経路

入射光と屈折光とのなす角 (ふれの角)δ は

$$\delta = (i - r) + (i' - r')$$
$$= (i + i') - (r + r') \tag{7.1}$$

ここでプリズムの頂角を α とすれば $r + r' = \alpha$ であるから

$$\delta = i + i' - \alpha \tag{7.2}$$

またプリズムの屈折率 n は屈折の法則より

$$n = \frac{\sin i}{\sin r} = \frac{\sin i'}{\sin r'} \tag{7.3}$$

式 (7.2) と式 (7.3) から i と i' を消去すれば

$$\delta = \sin^{-1}(n \sin r) + \sin^{-1}[n \sin(\alpha - r)] - \alpha$$
$$= f(n, \ \alpha, \ r) \tag{7.4}$$

したがって，頂角 α および屈折率 n が与えられれば，ふれの角 δ は r の値によって変化し

$$r = r' = \frac{\alpha}{2} (\equiv r_0) \tag{7.5}$$

のとき，すなわち，光線がプリズム頂角 α の二等分線に対して対称的な形で通過するとき，最小値 δ_0 をとる。r および r' がこのような値をとるとき，i および i' は

$$i = i' = \frac{\alpha + \delta_0}{2} (\equiv i_0) \tag{7.6}$$

となる。ゆえに，プリズムの屈折率 n は

$$n = \frac{\sin i_0}{\sin r_0} = \frac{\sin \frac{\alpha + \delta_0}{2}}{\sin \frac{\alpha}{2}} \tag{7.7}$$

で与えられる。

　したがって，プリズムの頂角 α と単色光に対する最小のふれの角 δ_0 とを測定すればその光の波長に対するプリズムの屈折率 n が算出できる。

7.3　装置

　分光計，単色光源 (ナトリウムランプ)，ガラスプリズム (クラウン，またはフリント)

7.4　方法

　1. 分光計の調整
　　(a) 構造

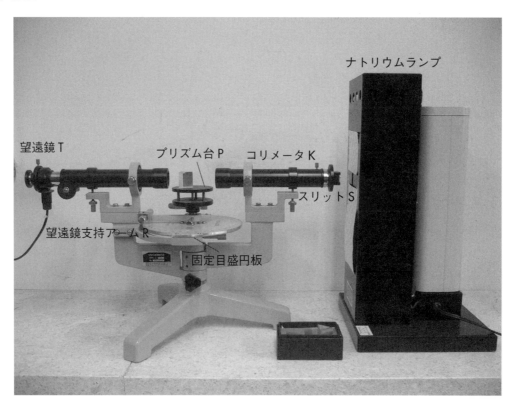

図 7.2　分光計の概観

　分光計は図 7.2 のような構造になっている。

- 固定目盛円板：主尺の最小目盛は 0.5° (= 30 分) であり，副尺でこれをさらに 30 等分している。したがって固定目盛円板全体としての最小目盛は 1 分である。
- 望遠鏡 T：スリット S の像を見るためのもの。固定目盛円板の中心を通る軸のまわりに回転する。スリット (slit) は細長い隙間の意味である。
- 望遺鏡支持アーム R：T を回転させるときは必ず R をもって回す。

- コリメータ K : S より入る光をレンズ L によって平行光線にするための装置で，台に固定しておく。
- プリズム台 P : プリズムをのせる台で中心軸のまわりに回転する。

(b) 調整

分光計を正しく使用するには，はじめに分光計自身の調整が大切であるが，実験時間の関係で大部分はすでに調整ずみにしてある。したがって，調整はつぎの望遠鏡の明視についてのみ行えばよい。

望遠鏡 T の構造は図 7.3 のように A，B，C の 3 つの筒よりなる。C を出し入れすることにより十字線 (または X 字線)F が明視できる。また B を出し入れすると物体 (ここでは S) の像が明視できる。

まず A，B を動かさずに C だけを動かして十字線をはっきりさせる。調整が終ったら C 筒は実験中動かさないようにする。

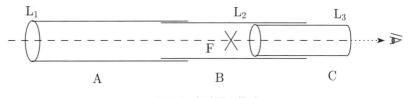

図 7.3　望遠鏡の構造

図 7.4 にあるように，スリット S より入った光はコリメータ K によって，平行光線としてレンズ L_1 に入射するように調整してあるので，以下のようなスリットと十字線 (または X 字線) の明視調整のみを行う。すなわち図のように K と T の軸を一致させナトリウムランプを点灯してから (点灯についてはつぎの第 2 節に説明がある)C をのぞき，B 筒を出し入れして S の像がシャープに見えるよう調整する。つぎに S の像と十字線との間に視差のないように，顔を左右にふって十字線と像が相対的にずれないことを確かめる (図 7.4(b))。

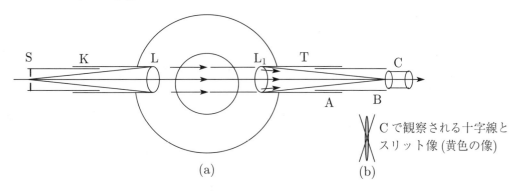

図 7.4　スリット像の調整

このようにして定まった B，C 筒の位置は以後動かさぬように気をつける。なお注意する点は，明視調整が観測者の視力によって異なることである。したがって観測者が交替すれば改めて調整を行わなければならない。また同一人でも，一度調整したら，同じ一方の眼だけを使用するように心掛けるべきである。

2. 光源の点灯

(a) 光源

ここでは交流用のナトリウムランプを用いる。管内のナトリウム蒸気の放電によってナトリウム D 線 (黄色，波長約 5893 Å) を放射するので，これを単色光として用いる。

(b) 点灯

ナトリウムランプの電源コードを AC100V につなぐ。ナトリウムランプの裏側下方にある電源スイッチを入れる。管内ははじめ紫色に光るが，これは管の動作を容易にするため封じ込んである低圧の N_2 ガスなどの色で，やがて徐々に管全体が Na-D 線特有の黄色に変わってくる。この状態になったとき，これを単色光源として使用する。消灯したいときは電源スイッチを切ればよい。

3. プリズム頂角 α の測定

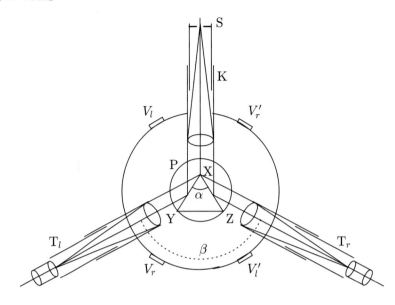

図 7.5　頂角 α の測定

(a) プリズムは台 P 上に図 7.5 のようにおく。すなわち測定しようとする頂角 α の稜 X をコリメータ K に直面させ頂角を P の回転中心の近くにおく。同時に角 α の二等分線が K の軸方向と一致するようにする。

(b) プリズムをセットしたら，K からの平行光線を，プリズムの面たとえば図 7.5 の XY 面にうけて反射させ，それを T_l の位置で観測する。

(c) S の像の真中に十字線の交点がくるように望遠鏡 T を位置させ，T に固定した 2 つの副尺の位置を (主尺と副尺で) 読み取りこれを V_l, V_l' とする。

(d) 望遠鏡を T_r の位置まで回転して，プリズムの XZ 面からの反射光に望遠鏡の十字線を合わせたときの副尺の位置を V_r, V_r' とする。

(e) いま両反射光のなす角を図 7.5 のように β とすれば，$\alpha = \beta/2$ である。β は同様のことを数回行って平均をとる。

(f) 測定結果を表 7.1 のようにまとめよ (7.5 実験上の注意の 3 を参照せよ)。

表 7.1　頂角 α の測定

回	T_l の位置	T_r の位置	差	偏差
1	V_l	V_r	$\beta_1 = V_l - V_r$	$\Delta\beta_1 = \beta_1 - \overline{\beta}$
	V_l'	V_r'	$\beta_1' = V_l' - V_r'$	$\Delta\beta_1' = \beta_1' - \overline{\beta}$
2	V_l	V_r		
	V_l'	V_r'		
⋮	⋮	⋮	⋮	⋮
5	V_l	V_r		
	V_l'	V_r'		
			平均 $\overline{\beta}$	最大偏差 $|\Delta\beta|_{\max}$

$$\alpha = \frac{\overline{\beta}}{2} = \qquad \text{[degree]}$$
$$\Delta\alpha = \frac{|\Delta\beta|_{\max}}{2} = \qquad \text{[degree]} = \qquad \text{[rad]}$$

4. 最小ふれの角 δ_0 の測定

(a) 頂角測定が終ったら，プリズム台 P を回して図 7.6(a) のようにする。すなわち K からの平行光線を，

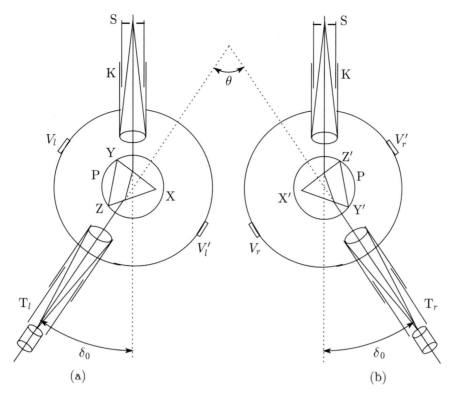

図 7.6 最小ふれの角 δ_0 の測定

いま測った頂角をはさむ 2 面のうちの XY 面にあて，XZ 面から出る屈折光を T_l でうける。T_l の中に S の像を出すには，まず肉眼で XY 面内の黄色の S 像を探し，そのときの眼の位置に T_l をもってくれば容易に見つけることができる。

(b) 屈折光のふれの角が減少する方向にプリズム台 P を回しながら，T_l で S の像を追跡していく。すると最初は台 P の回転につれて，それと同一方向に像が動いていくが，あるところで像がプリズムの回転に対して逆行し始めるのがわかる。これはふれの角が再度大きくなったためであるから，この逆行し始める極限の位置に P をとめ，十字線を S の像の中央にくるように望遠鏡の位置を調整して，そのときの副尺の位置 V_l, V_l' をよむ。

(c) 次に，台 P を回して図 7.6(a) と対称的な図 7.6(b) の位置で最小ふれの T_r の副尺の位置 V_r, V_r' を求める。同様のことを数回繰り返し，$|V_l - V_r|$, $|V_l' - V_r'|$ の平均値を求める。

(d) 測定結果を表 7.2 のようにまとめる (7.5 実験上の注意の 3 を参照せよ)。

表 7.2 最小振れ角 δ_0 の測定

回	T_l の位置	T_r の位置	差	偏差
1	V_l	V_r	$\theta = V_l - V_r$	$\Delta\theta_1 = \theta_1 - \overline{\theta}$
	V_l'	V_r'	$\theta = V_l' - V_r'$	$\Delta\theta_1' = \theta_1' - \overline{\theta}$
2	V_l	V_r		
	V_l'	V_r'		
⋮	⋮	⋮	⋮	⋮
5	V_l	V_r		
	V_l'	V_r'		
			平均 $\overline{\theta}$	最大偏差 $|\Delta\theta|_{\max}$

$$\delta_0 = \frac{\overline{\theta}}{2} = \qquad \text{[degree]}$$

$$\Delta\delta_0 = \frac{|\Delta\theta|_{\max}}{2} = \qquad \text{[degree]} = \qquad \text{[rad]}$$

5. 結果の整理

(a) プリズムの屈折率 n およびその誤差 Δn はそれぞれ

$$n = \frac{\sin \frac{\alpha + \delta_0}{2}}{\sin \frac{\alpha}{2}} \tag{7.8}$$

$$\Delta n = \frac{1}{2}\left\{\left(\cot \frac{\alpha + \delta_0}{2}\right)(\Delta\alpha + \Delta\delta_0) + \left(\cot \frac{\alpha}{2}\right)\Delta\alpha\right\}n \tag{7.9}$$

から求める。ここで，$\cot\theta = 1/\tan\theta$ である。また，$\Delta\alpha$ と $\Delta\delta_0$ は rad(ラジアン) の単位に直すこと。これらの表を汎用表計算ソフト EXCEL を用いて作成し，式 (7.8) および式 (7.9) の内容を EXCEL 中の適当なセルに代入することで，n および Δn が得られる。

(b) 屈折率の最終結果は

$$n \pm \Delta n \tag{7.10}$$

の形で表す。

7.5 実験上の注意

1. 副尺が 360° の位置をこえて変化するときには，読みの差をとる際に注意を要する。
2. 3 面を磨いたプリズムでは，プリズムを透過した屈折光が T に入ってくることがあるので誤らないようにする。ただしこの実験で用いるプリズムは 1 面がくもりガラス状になっている。
3. 分光計の精度は 1 分であり，得られた角度の読みは "度 分" で記録し，計算のときに 60 進数表記でなく小数点以下 2 桁の 10 進数の "度" に換算する。
4. 角度の 1 度は 60 分である。
5. 誤差式 (7.9) 中の $\Delta\alpha$ と $\Delta\delta_0$ は rad(ラジアン) で表された量を用いなければならない。
6. $\cot\theta = 1/\tan\theta$

7.6 考察

得られた結果について以下の点を考慮して考察せよ。

1. 得られた値は理科年表の値と比較してどのようなものであったか。実験で用いた光学ガラスの屈折率は理科年表に載っている。実験は誤りなく行えたといえるだろうか。誤差はどのようなところから生じたと考えられるだろうか。それは測定装置の精度から考えて妥当な範囲にあるだろうか。
2. この測定で最も大きな誤差の要因となったものは何だろうか。またその理由は何か。
3. 他の測定値と比べて大きくずれた測定値はあっただろうか。もしあったならば，それを除いて考えると n の値はどのようになるだろうか。それは，最初に得た値と比較してどうだろうか。

実験 8.

熱の仕事当量

8.1 目的

水熱量計中の水を電流によるジュール熱によって加熱し，熱の仕事当量を測定する。

8.2 理論

$R\,[\Omega]$ の抵抗線に一定電流 $i\,[\mathrm{A}]$ を $t\,[\mathrm{s}]$ 間流すとき，ジュール熱は $Ri^2\,[\mathrm{W}]$ であり，消費される仕事 $W\,[\mathrm{J}]$ は次式で表される。

$$W = R\,i^2 t \quad [\mathrm{J}] \tag{8.1}$$

この仕事 W によって，熱量計の中の比熱 $c\,[\mathrm{cal/g\cdot deg}]$ の水 $M\,[\mathrm{g}]$ と水当量 $w\,[\mathrm{g}]$ の容器および撹拌器などの温度が $\theta_1\,[^\circ\mathrm{C}]$ から $\theta_2\,[^\circ\mathrm{C}]$ まで上ったとすると熱量 Q は，水および水当量の和に比熱 c を乗じて次式で表される。

$$Q = c(M + w)(\theta_2 - \theta_1) \;[\mathrm{cal}] \tag{8.2}$$

仕事と熱量には

$$W = Q \cdot J \tag{8.3}$$

の関係があるため，式 (8.1) と式 (8.2) を式 (8.3) に代入して書き直すと

$$J = \frac{R\,i^2 t}{c(M + w)(\theta_2 - \theta_1)} \;[\mathrm{J/cal}] \tag{8.4}$$

となる。今回の実験では水を使用しているので，$c = 1\,\mathrm{cal/g\cdot K}$ としてさしつかえない。

8.3 装置

熱量計（$3\,\Omega$ 抵抗線付き，図 8.1），温度計，直流安定化電源（図 8.2），電子天秤，導線

8.4 方法

1. 実験ノートに表 8.1 のようなデータの記録用の表をあらかじめ書いておく。（30 s ごとに水温を記入できるような表を作る。）

2. 銅容器と撹拌機の水当量を測定する。厳密には温度計，抵抗線の水当量が必要であるが，実際にはごく小さいのでこの実験では無視して良い。銅容器は断熱容器から取り出す。撹拌機はつまみの部分がネジで取れるため，ネジを壊さないように外し，金属部分だけにする。銅容器および撹拌機の質量を電子天秤で測定し，それに比熱（大部分が銅のため銅の比熱の数値 0.0919 cal/g·deg.）を乗じて水当量 w の値を求める。

3. 次に容器の上端から 1.5 cm くらいのところ（抵抗線の大部分が水に浸るように）まで水を入れ，その質量を測定し水の質量 $M\,[\mathrm{g}]$ を決定する。水には実験室の水道水を用いるが，水温が室温以下になるまで十分に流

表 8.1 データ整理表

経過時間 [s]	水温 [°C]
0	
30	
⋮	
540	
570	

した後の水を使う。なお，実験時期によっては水道水の温度が室温以下にならないことがある。その場合は，室温以上の水を用いて構わないが，レポートでその影響について考察すること。

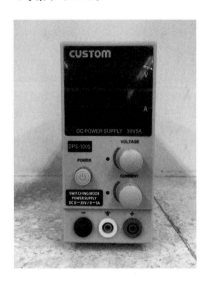

図 8.1 熱量計の概観図   図 8.2 直流安定化電源

4. 水を入れた銅容器を断熱容器におさめ，撹拌機をセットしてふたをする。その後，温度計をセットし 1 分程度撹拌し，水温を確認する（熱量計の外観は図 8.1 参照）。

5. 直流安定化電源の ＋ と − 端子から断熱容器の端子にそれぞれ導線で接続（極性は関係ない）し，VOLTAGE と CURRENT のつまみを反時計回りいっぱいに回す。その後，電源を ON にする（図 8.2 参照）。

6. ここで与えるジュール熱は，5 〜 6 W 程度とする。抵抗線は 3 Ω であるから，ジュール熱がおおよそ 5 〜 6 W 程度になるようにあらかじめ抵抗線に流す電流値を計算する。

7. 直流安定化電源の CURRENT の赤いランプが点灯していることを確認し，つまみを時計回りに回す。赤いランプが消灯し VOLTAGE の緑色のランプが点灯するまで回す。

8. VOLTAGE のつまみを時計回りに回し，液晶の電圧表示に値が表示され，緑色のランプが消灯し CURRENT の赤いランプが点灯するまで回す。

9. CURRENT のつまみを時計回りに回し，6. で計算した電流値程度に電流を設定する。赤いランプが消えて電流値が上がらない（緑が点灯）場合は，VOLTAGE を時計回りに回して電圧値を上げる（ランプが点灯しているほうの値を上げることが出来る）。

10. 電流値が決定したら，その電圧・電流の値を読み取り，実験ノートに書く。

11. 20 s 程度撹拌し，銅容器内の水温を一様にしてその時の水温を読み取る（この時の値を経過時間 0 s における水温とする）。その後，絶えずよく撹拌しながら 30 s ごとに水温を読んで記録する。測定中，電流値に変化がないかをよく確認する。変化があった場合，その値を読み取る。水温は，できれば室温をはさんでそれより数度低いところから数度高いところまで変化させる。

12. 測定が終了したら，直流安定化電源の CURRENT のつまみを反時計回りいっぱいに回し，次に VOLTAGE を反時計回りいっぱいに回し電源を切る。

13. 表 8.1 から t 秒後における水の温度変化のグラフを Excel で作成する（図 8.3）。次に，表 8.2 のようにデータをまとめる。水温の時間変化が一直線になることは少ない，すなわち昇温速度は必ずしも一定にはならない。そこで，表 8.2 のように 300 s ごとの温度差を求め，その平均値を算出する。平均をとるときに気を付けなければならない点は，ばらつきが大きな点は除くということである。

14. 以上のようにして求めた時間間隔 $t = 300$ s における平均の温度差を $\Delta\theta$ [°C] とすると，

$$J = \frac{R \cdot i^2 \cdot t}{(M + w) \cdot \Delta\theta} \ [\mathrm{J/cal}] \tag{8.5}$$

で熱の仕事当量が得られる。

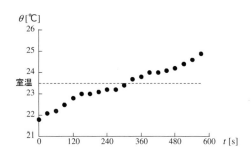

図 8.3　t 秒後における水の温度変化

表 8.2　30 s ごとの水温の変化

経過時間 [s]	水温 [°C]	経過時間 [s]	水温 [°C]	$t = 300$ s ごとの温度差 $\Delta\theta$ [°C]
0		300		
30		330		
60		360		
90		390		
120		420		
150		450		
180		480		
210		510		
240		540		
270		570		
		平均		

8.5　実験上の注意

1. この実験が理論と一致するには，容器内の水温がどこでも同じでなければならない。そのためには撹拌をよく行う必要がある。撹拌による温度上昇は無視してさしつかえない。

2. 撹拌を行う際は，必ず容器を押さえながら行うこと。片手で行うと撹拌棒がふたに引っ掛かり容器全体が動いてしまうおそれがある。また，撹拌を激しく行うと水がふたに付着したりこぼれたりする可能性があるので，ある程度加減して行うこと。

8.6　考察

　得られた結果について以下の点を考慮して考察せよ。考察の前に問題の解答を考えると考察しやすくなると思われる。

1. 熱の仕事当量は，熱と仕事の変換係数として $J = 4.1855[\text{J/cal}]$ で与えられている。実験で得られた値と比較してどのようなものであったか。誤差はどのようなところから生じたと考えられるだろうか。それは測定装置の精度から考えて妥当な範囲にあるだろうか。
2. 自分たちの測定で最も大きな誤差の要因となったものは何だろうか。またその理由は何か。実験上の操作はどうだっただろうか。

問 1　よく撹拌することが必要であることを，水の熱伝導と温度計の示度の遅れとの 2 つの観点から考えてみよ。

問 2　誤差に関係があるのは，例えば抵抗線が水面上に露出している部分の長さや，抵抗線と温度計測球部との間隔，熱量計への熱の出入りなどがある。今回の実験についてこれらの点を検討し，その他にも誤差となるべきものを考えてみよ。

問 3　水温変化を測定する際，測定温度のはじめと終わりのちょうど中央あたりに室温が来るようにするのは，上記の誤差に関係ある事項のうち，どの問題に関するものか。また，測定が室温よりも高い（もしくは低い）ところで行われた場合，J は真の値より大きくなるか小さくなるか理由をつけて答えよ。

問 4　今回の実験では，ジュール熱を 5 〜 6 W として行ったが，これよりも高い（もしくは低い）場合，どのような影響が現れるか考えてみよ。

実験 9.

トランジスタの静特性

9.1 目的

トランジスタのエミッタ接地におけるコレクタ-エミッタ間電圧 V_{CE}，ベース-エミッタ間電圧 V_{BE}，コレクタ電流 I_C，ベース電流 I_B の間の量的関係を調べ，トランジスタの動作原理を理解する。

9.2 理論

ゲルマニウム (Ge) やシリコン (Si) などの 4 価の元素に 5 価あるいは 3 価の元素を加えることにより，n 型あるいは p 型と呼ばれる半導体を作ることができる。たとえば，ゲルマニウムに不純物としてリン (P, 5 価の元素) を加えたときの結合状態を模式的に描くと図 9.1(a) のようになる。すなわち，リンの価電子のうち 4 個は隣接ゲルマニウム原子との結合に寄与するが，残りの 1 個の電子はリン原子に弱く束縛されている。この電子は導体内の伝導電子のように自由に振る舞うにとはできないが，わずかなエネルギーを与えられるとリン原子の束縛から解放されて伝導電子のような振る舞いをする。このような結晶を n 型 (電子が電流の担い手 (キャリア) となるもの) 半導体という。

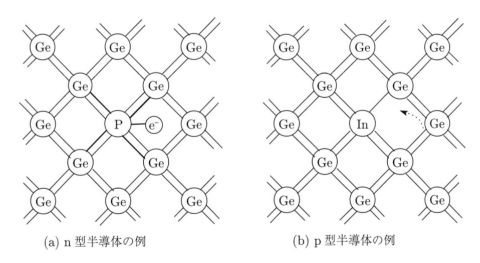

(a) n 型半導体の例   (b) p 型半導体の例

図 9.1　Ge ベースの n 型および p 型半導体

ゲルマニウムに 3 価の元素，たとえばインジウム (In) を不純物として加えた場合には図 9.1(b) に示すような結合状態となる。すなわち，1 個のインジウムがゲルマニウムと置換すると，結晶の結合には 1 個の電子が不足し，あたかも正の電荷が存在しているような状態となる (このような仮想的正電荷を正孔 (ポジティブ・ホール) という)。この不完全な結合手に隣りの原子がやってくるとインジウムを取り巻く部分の結合は完成するが，今度は隣りの原子の結合が不完全となり正孔がそにに移動した状態になる。電子が不完全な結合手を埋めるように次々と移動するとそれとは逆方向に正孔が次々と移動することになり，正孔によって電流が運ばれているものと見なすことができ

る。このような結晶を p 型 (キャリアが正孔であるもの) 半導体という。

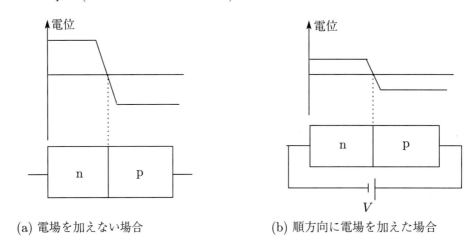

(a) 電場を加えない場合　　　　　(b) 順方向に電場を加えた場合

図 9.2　p-n 接合の電位

　ここで，p 型と n 型の 2 個の半導体を接合したときの電位を考えてみよう。上述のように p 型の領域ではキャリアの数は正孔の方が多くなっており (「多数キャリアは正孔である」という)，n 型領域での多数キャリアは電子である。この正孔と電子は p 型と n 型の境界を通って互いに相手の領域に拡散していき，n 側では多少正孔が増すために電位は高くなり，p 側は拡散してくる電子によって電位が下がる。こうして平衡状態に達すると p-n 接合部分に電位の差が生じ，図 9.2(a) に示すような電位の勾配ができる。次に，p 側が正，n 側が負となるような電場 (これを「順方向の電場」という) を加えると，図 9.2(b) に示すように正の電位をもっていた n 側の電位は下がり，いままで低かった p 側の電位は上がる。その結果，p-n 接合領域の電位差は小さくなり，電子，正孔は容易にこの接合部分の電位障壁を越えて相手側の領域に拡散電流となって流れる。p-n 接合に逆方向の電場を加えたときには，接合部の電位差は電場を加えない場合の電位差よりも大きくなり，接合部の電位障壁を越えることのできる電子，正孔はほとんどなくなるため，流れる電流は極めてわずかとなる。p-n 接合に電場を加えたときの電圧-電流特性は図 9.3 に示すようになる電圧 V が ＋ 側は順方向，－ 側は逆方向の電場 (各々順方向バイアス，逆方向バイアスという) である。この特性は整流素子として用いられるダイオードの特性になっている。

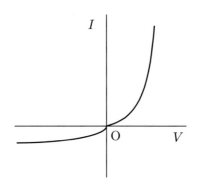

図 9.3　p-n 接合 (ダイオード) の電圧電流特性

　上に述べたような p-n 接合の特性を利用し，p-n-p 接合あるいは n-p-n 接合の素子を作るにとによって電流の増幅が可能であり，このような素子がトランジスタである。pnp 型と npn 型のトランジスタはキャリアの違いによるものであり，回路解析上は電圧，電流の向きが互いに逆になるだけで本質的には変わらない。図 9.4 に pnp 型および npn 型トランジスタの接合のようすおよび記号を示しておく。ここでは npn 型について説明を行う。

　トランジスタにバイアス電圧をかけない状態で各領域の電位は図 9.5(a) に示すような電位分布となっているが，コレクタ・エミッタ間に，コレクタが正，エミッタが負となるような適当な大きさのバイアス電圧 V_{CE} をかけると，図 9.5(b) に示すようにベース・エミッタ間は順方向バイアスとなるためにこれらの間の電位差は小さくなり，ベー

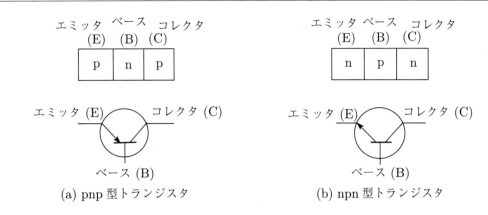

（a）pnp 型トランジスタ　　　　　　　（b）npn 型トランジスタ

図 9.4　pnp 形および npn 型トランジスタの接合と記号

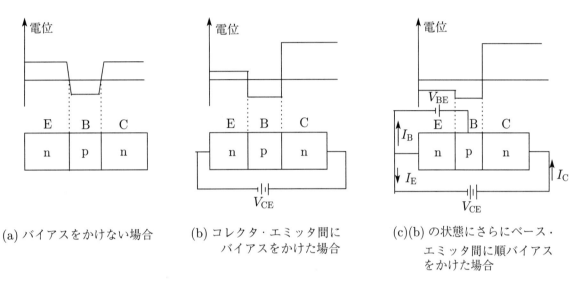

（a）バイアスをかけない場合　　（b）コレクタ・エミッタ間に　　（c）(b) の状態にさらにベース・
　　　　　　　　　　　　　　　　　バイアスをかけた場合　　　　　エミッタ間に順バイアス
　　　　　　　　　　　　　　　　　　　　　　　　　　　　　　　　をかけた場合

図 9.5　トランジスタのバイアスおよび電位

ス・コレクタ間では逆バイアスとなるのでこの接合部分の電位差は大きくなる。この状態にさらにベース・エミッタ間に順バイアス電圧 V_{BE} を加えるとこの接合間の電位差はさらに小さくなる (図 9.5(c))。したがって V_{BE} を変化させることにより，ベースからエミッタへの正孔拡散電流 I_E を変化させることができる。ベースは非常に薄く作られており，エミッタからの電子はそのごく一部 (普通は 1〜2% 程度) がベース領域で正孔と再結合するが (この再結合を補給するためベース電流 I_B が流れる)，大部分はベースを通り抜け，電子に対しては加速電場となっているコレクタに到達し，コレクタ電流 I_C となる。以上のことから V_{BE} を変化させることによって I_C を制御することができ，コレクタに適当な大きさの負荷抵抗を接続しておくとその抵抗の両端に V_{BE} の変化よりも大きく変化する電圧がとり出されるような増幅作用を行わせることができる。このトランジスタは温度に非常に敏感な素子である。

9.3　装置

半導体実験装置 KSC-3N(トランジスタ 2SC5352 付)，直流電流計 (ベース，コレクタ用)

9.4　方法

1. V_{CE}-I_C 特性の測定
   （a）実験回路の接続
   　　i. 電圧計の接続
   　　　図 9.7 のように，トランジスタのコレクタ-エミッタ (lm) 間に V_{CE} 接続用の電圧計を接続する。こ

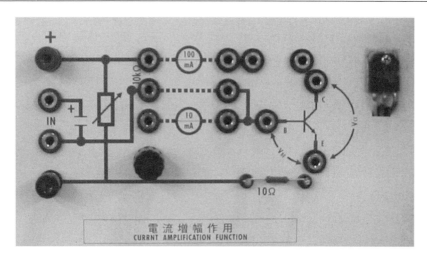

図 9.6　実際に使う回路部分の外観 (回路図は図 9.7 に示されている)。右端にあるのは今回用いるパワートランジスタ 2SC5352。

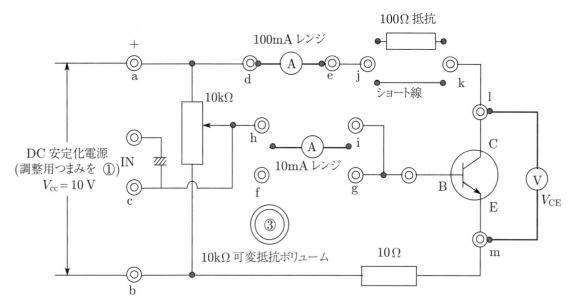

(信号用電圧 V_{IN} 調整つまみを ②とする)

図 9.7　電流増幅作用部分の説明

　　の電圧計には内部電圧計を用い 10 V レンジとする。

　ii. 電流計の接続

　　　図 9.7 のように，コレクタ電流 I_C およびベース電流 I_B 測定用の電流計をそれぞれ de 間と fg 間に接続する (外部直流計を用いる)。電流計の測定レンジは I_C 測定用電流計は 100 mA に，I_B 測定用電流計は 10 mA のレンジにする。

　iii. DC 電源の接続

　　　実験回路の電源入力ターミナル a, b をパネル左下の DC 安定化電源 (定電圧回路) に接続する。

　iv. ショート用ジャンパーの接続

　　　jk 間にショート用のジャンパーを接続する (パネル右上に糸でくくられているもの)。

(b) DC 安定化電源の右にある信号用電圧 V_{IN} 調整つまみ② を，反時計方向へいっぱいに回しておく。

(c) V_{IN} を端子 f に接続する。ただし、端子 f には既に I_B 測定用電流計が接続されているため、この電流計の ＋ 端子に V_{IN} を接続する。

(d) 電源スイッチを ON にして，DC 安定化電源のつまみ①を調整して V_{CE} 間の電圧を 10 V に設定する。

(e) V_{IN} を②により調整して，ベース電流 I_B を 0.5, 1.0, 1.5, 2.0, 2.5, 3.0, 3.5 mA の 7 種類として測定を

表 9.1 $V_{CE} - I_C$ 特性データ

V_{CE} [V]	I_B=0.5 mA I_C [mA]	1.0 mA I_C [mA]	1.5 mA I_C [mA]	2.0 mA I_C [mA]	2.5 mA I_C [mA]	3.0 mA I_C [mA]	3.5 mA I_C [mA]
0.2							
0.4							
0.6							
⋮	⋮	⋮	⋮	⋮	⋮	⋮	⋮
1.0							
2.0							
⋮	⋮	⋮	⋮	⋮	⋮	⋮	⋮
9.0							
⋮	⋮	⋮	⋮	⋮	⋮	⋮	⋮
10.0							

行う。まず，つまみ②でベース電流 I_B を指定された値 (たとえば 2.5 mA) に調整する。次に，つまみ①を調整してコレクタ-エミック間電圧 V_{CE} を徐々に減らしていき，そのときコレクタ電流 I_C を測定する。このときの V_{CE} の値は 0〜1 V は 0.2 V 間隔，1〜10 V は 1 V 間隔で行う。なお，測定可能な V_{CE} の値が 10 V よりも小さいときには測定可能な最大値までとする。

(f) 同様の測定を他の I_B に対しても行い，表 9.1 のような形にデータを整理する。この結果を基にして V_{CE}-I_C 特性曲線を描く (図 9.10 参照)。

2. 負荷直線および $I_B = 1.5$ mA における動作電圧を求める。

(a) 図 9.7 よりコレクタの負荷低抗を R，コレクタ電流を I_C，DC 入力電圧を V_{cc} とすると V_{CE} は

$$V_{CE} = V_{cc} - I_C R \tag{9.1}$$

と表すことができる。このときの V_{CE} と I_C の直線関係が負荷直線である。

(b) 式 (9.1) より V_{cc} =10 V，$R = 110\,\Omega$ における負荷直線を描き，$I_B = 1.5$ mA のときの I_C-V_{CE} 特性曲線との交点 P を求めて，そのときの V_{CE}，I_B，I_C を記録する。このときの V_{CE} は，この実験で求めることのできる動作電圧中の 1 つである (図 9.10 参照)。

3. 増幅特性の測定

(a) 実験回路の接続

実験回路を実験 1 から次のように変更する。

   i. I_B 測定用電流計を hi 間に接続する。

   ii. jk 間のショート用ジャンパーを 100 Ω 抵抗ジャンパーに変更する。

   iii. 信号用電圧 V_{IN} の接続を端子 f から端子 c に変更する。

(b) 測定 1(b) で行ったように，つまみ②を反時計方向に回しておき，つまみ①を調整して V_{CE} 間の電圧 10 V に設定する。以後つまみ①は動かす必要はない。

(c) V_{CE}，I_B，I_C の各値が 2 で求めた点 P の値になるように，信号用電圧調整つまみ②と 10 kΩ 可変抵抗ボリューム③を用いて調整する。

(d) 信号用電圧調整つまみ②を調整して，ベース電流 I_B を変化させながら I_C と V_{CE} の変化を読み取り，増幅特性を測定する。I_B は 0.0 mA から 5.0 mA まで 0.5 mA ずつ変化させて測定する。

(e) 上記の測定から I_B-I_C 特性曲線 (図 9.8 参照) および I_C-V_{CE} 特性曲線 (図 9.9 参照) を描き，I_B-I_C 特性曲線の直線部分における $\Delta I_C/\Delta I_B$ を求める。これが電流増幅率 h_{FE} となる。

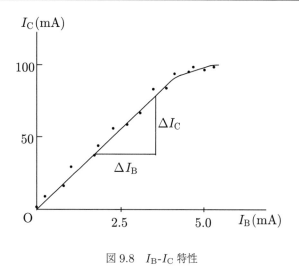

図 9.8 I_B-I_C 特性

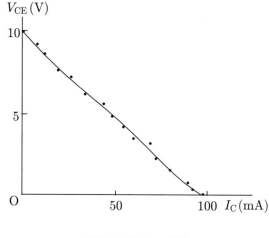

図 9.9 I_C-V_CE 特性

9.5 実験上の注意

1. 測定で用いる電圧計や電流計にはその目盛板に用途，取り付け姿勢，精度，動作原理などが記号で記されている (3.10 節を参照)。この表示を調べ，正しい取り付け姿勢 (測定機器の設置方法) で測定する。

2. コレクタ・エミッタ間電圧 V_CE を変化させると，ベース電流 I_B も変化するので，つまみ②を調整し，I_B を一定に保ちながら測定を行う。

3. 測定を行うなかで，最初に V_CE は 10 V に設定 (ベース電流 $I_\mathrm{B} = 0$) してあるが，ベース電流が増加すると，V_CE は図 9.10 のように減少していく。表 9.1 では，V_CE の測定範囲は 10 V からになっているが，実際には各 I_B の値のときに測定できる最大の V_CE から測定する。

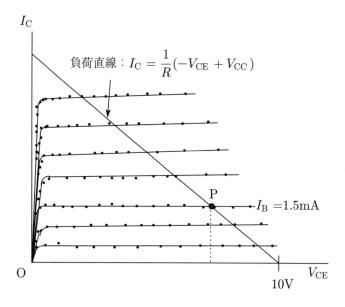

図 9.10 V_CE-I_C 特性

9.6 考察

得られた結果について以下の点を考慮して考察せよ。

1. V_{CE}-I_{C} 特性曲線 (図 9.10) 上に描いた負荷直線と I_{C}-V_{CE} 特性曲線 (図 9.9) は一致しただろうか。一致していなかった場合，その原因は何にあると考えられるか。

問 1 実際の信号は交流信号であることが多い。トランジスタが電流増幅素子であることを考慮し，交流の信号電流を増幅する際に，P 点はどのような点であるか答えよ。（分からない場合は，次の＜参考＞をよく読むこと）

＜参考＞ エミッタ接地増幅回路について

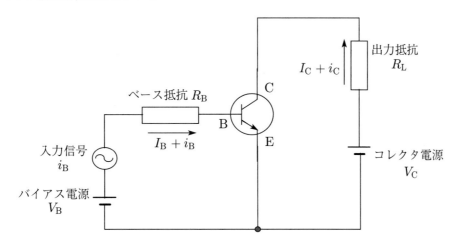

図 9.11 エミッタ接地回路

　本実験で用いた増幅回路はエミッタ接地回路であり，図 9.11 のような回路になっている。図 9.11 で本実験と異なる点は入力信号として交流の電流を用いている点である。以下にこの回路の増幅について簡単に説明する。

　入力信号 i_{B} がないときには直流のバイアス電源 V_{B} によりベース抵抗 R_{B} には直流電流 I_{B} が，出力抵抗 R_{L} にはコレクタ電流 I_{C} が流れる。このベース電流 I_{B} に入力信号 i_{B} を加えると，9.2 で述べたように，出力抵抗 R_{L} には信号電流 i_{B} に比例した大きな電流変化がコレクタ電流 I_{C} に現れる。すなわち，交流の入力信号 i_{B} が加わると，ベース抵抗 R_{B} には一定な電流 I_{B} を中心として i_{B} だけ変化する電流 $I_{\mathrm{B}} + i_{\mathrm{B}}$ が流れることになる。トランジスタはこの電流を増幅し，I_{C} を中心として i_{C} だけ変化する電流 $I_{\mathrm{C}} + i_{\mathrm{C}}$ が流れることになる。すなわち，トランジスタが小さな I_{B} を大きな I_{C} に増幅するのに便乗して入力信号 i_{B} の変化が大きな出力信号 i_{C} に拡大されているのである。なお，バイアス電流が必要な理由は，トランジスタが逆向きには電流を流さないため，交流の入力信号があっても電流の方向を常に順方向の電流が必要だからである。

＜参考＞ バイポーラパワートランジスタ 2SC5352 について

　npn 型のシリコントランジスタで，2SC2555 の上位または同等互換製品である。高速高電圧スイッチング用，スイッチングレギュレータ用，高速 DC-DC コンバータ用として使用されている。最大定格と電気的特性 $(T_a = 25\,^{\circ}\mathrm{C})$ は以下の通りである。

表 9.2　2SC5352 の最大定格

項目		記号	定格	単位
コレクタ-ベース間電圧		V_{CBO}	600	V
コレクタ-エミッタ間電圧		V_{CEO}	400	V
エミッタ-ベース間電圧		V_{EBO}	7	V
コレクタ電流	DC	I_{C}	10	A
	パルス	I_{CP}	15	A
ベース電流		I_{B}	5	A
コレクタ損失		P_{C}	80	W
接合温度		T_{j}	150	°C
保存温度		T_{stg}	$-55 \sim 150$	°C

表 9.3　2SC5352 の電気的特性

項目	記号	測定条件	最小	標準	最大	単位
コレクタ遮蔽電流	I_{CBO}	$V_{\mathrm{CB}} = 480\,\mathrm{V}$, $I_{\mathrm{E}} = 0$	—	—	100	μA
エミッタ遮蔽電流	I_{EBO}	$V_{\mathrm{EB}} = 7\,\mathrm{V}$, $I_{\mathrm{C}} = 0$	—	—	1	mA
コレクタ-ベース間降伏電圧	$V_{\mathrm{(BR)CBO}}$	$I_{\mathrm{C}} = 1\,\mathrm{mA}$, $I_{\mathrm{E}} = 0$	600	—	—	V
コレクタ-エミッタ間降伏電圧	$V_{\mathrm{(BR)CEO}}$	$I_{\mathrm{C}} = 10\,\mathrm{mA}$, $I_{\mathrm{B}} = 0$	400	—	—	V
直流電流増幅率	h_{FE}	$V_{\mathrm{CE}} = 480\,\mathrm{V}$, $I_{\mathrm{C}} = 1\,\mathrm{A}$	20	—	—	
コレクタ-エミッタ間飽和電圧	$V_{\mathrm{CE(sat)}}$	$I_{\mathrm{C}} = 4\,\mathrm{A}$, $I_{\mathrm{B}} = 0.5\,\mathrm{A}$	—	—	1.0	V
ベース-エミッタ間飽和電圧	$V_{\mathrm{BE(sat)}}$	$I_{\mathrm{C}} = 4\,\mathrm{A}$, $I_{\mathrm{B}} = 0.5\,\mathrm{A}$	—	—	1.3	V

実験 10.

サーミスタの電気抵抗の温度依存特性

10.1　目的

サーミスタ (thermistor) は thermally sensitive resistor の略称で，温度変化に対して電気抵抗の変化の大きい抵抗体であり，温度を測定するセンサとして広く利用されている。この実験では，室温付近から 50 °C くらいの温度範囲でサーミスタの電気抵抗の温度変化を精密に測定し，その特性を調べる。

10.2　測定原理

- サーミスタの形状と物質
  形状は小型のものが多く，Mn や Co，Ni などの金属酸化物やシリコン単結晶，薄膜 (Ge,SiC) などが用いられる。
- サーミスタの種類
  - 温度の上昇で抵抗が大きくなるものを PTC サーミスタ (Positive Temperature Coefficient Thermistor) といい，温度スイッチなどに使われる。
  - 温度の上昇と共に減少するものを NTC サーミスタ (Negative Temperature Coefficient Thermistor) という。通常，温度測定用素子としてのサーミスタはこれをさす。
  - 特定の温度で抵抗が急変するものを CTR サーミスタ (Critical Temperatur Resister Thermistor) といい，そのスイッチ特性を利用して，温度警報装置などに使われる。
- サーミスタの特性
  NTC サーミスタにおける温度 T と電気抵抗 R の関係は，

$$R = R_0 \exp B \left(\frac{1}{T} - \frac{1}{T_0} \right) \tag{10.1}$$

で示される。ここで，T は絶対温度，R_0 は基準温度 T_0 におけるサーミスタの電気抵抗である。また式中の B は，サーミスタの温度に対する感度を示すもので，『B 定数』と呼ばれ，単位は [K] で表わされる。B 定数が大きいほど温度変化に対する抵抗の変化が急峻で，測温される範囲が狭い場合や測温がある一点のみである場合に有効となる。一方，B 定数が小さい場合，温度変化に対する抵抗値の変化が緩慢で，広い温度範囲の測定に適する。NTC サーミスタにおける B 定数は 3000〜5000 K くらいが一般的である。本実験では，電気炉によってサーミスタを加熱し，定電圧における電流の温度変化を測定することで，サーミスタの電気抵抗の温度依存性を得る。

10.3　装置

サーミスタ付電気炉，棒温度計，電圧計，電流計，半導体素子実験装置

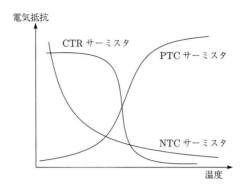

図 10.1   サーミスタの電気抵抗の温度依存

図 10.2   サーミスタ付電気炉 (棒温度計を取り付けた状態)

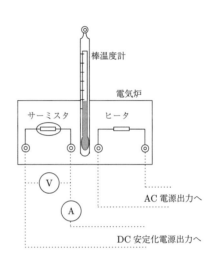

図 10.3   測定システムの概略図

10.4   方法

1. 接続する回路のイメージをはっきりさせるため，簡単に回路図を実験ノートに記述する．記述する回路は，図 10.3 を基にサーミスタ，電流計，電圧計および DC 安定化電源の部分のみでよい．

2. 半導体素子実験装置 (以下，本体という) の AC 電源出力調整つまみと DC 安定化電源調整つまみを左にいっぱい回しておく．

3. 上記で作成した回路図をもとにサーミスタ付電気炉 (図 10.2) のサーミスタと電圧計 (本体内部のもの)，電流計 (外部電流計) および本体の DC 安定化電源出力を接続する．この際，接続する回路のイメージをはっきりさせるため，簡単に回路図を実験ノートに記述する．なお，電圧計は 10V レンジ，電流計は，3mA レンジに接続する．(注意：まだ本体の電源スイッチは入れないこと．)

4. 測定データを記録するため，棒温度計の温度 T，サーミスタの電圧 V，電流 I およびサーミスタの抵抗 R を記録できる表 (表 10.1 参照) を昇温過程と降温過程のそれぞれに対して作成する．15〜20 点くらいのデータが記入できるように作成すると良い．

5. 棒温度計を電気炉の上から挿入し，温度計の指示が一定になるまで待つ (5 分程度)．

6. 本体のコンセントを差し，電源を入れる．DC 安定化電源出力調整つまみを調節して，サーミスタの電圧が 1V になるようにする．この時，電圧計および電流計の値が正の方向に振れていることを確認する．負の方向に振れている場合，接続が反転しているので正しく直す．

7. サーミスタ付電気炉を加熱するため，加熱ヒーターに本体の AC 電源出力を接続する．その後，AC 出力調

表 10.1 棒温度計の温度およびサーミスタの電圧・電流および抵抗

温度 T [°C]	電圧 V [V]	電流 I [mA]	抵抗 R [kΩ]
⋮	⋮	⋮	⋮

整つまみを右いっぱいに回し，電気炉を加熱する．

8. 棒温度計の温度が 50 ℃ に達したら，AC 出力調整つまみを左いっぱいに回し，AC 電源出力のケーブルを取り外す．

9. 降温過程を測定するため，温度が 50°C から減少し始めたら，棒温度計の温度が 2°C 減少するごとにその時の電流を読み，表に記録する．なお，ケーブルを抜いても余熱で少し温度が上昇することがあるので，その場合は 50°C まで減少するのを待ってから測定を開始する．28°C なったら降温過程を終了する．

10. 昇温過程を測定するため，再度，加熱ヒーターに本体の AC 電源出力を接続する．その後，AC 出力調整つまみを右いっぱいに回し，電気炉を加熱する．

11. 棒温度計の温度が 2°C 増加するごとにその時の電流を読み，表に記録する．

12. 棒温度計の温度が 50°C に達したら，AC 出力調整つまみを左いっぱいに回し，AC 電源出力のケーブルを取り外し，DC 安定化電源出力調整つまみを左いっぱいに回し，本体の電源を切る．

13. 降温過程，昇温過程に対しそれぞれ表 10.1 を EXCEL で作成し，サーミスタの電圧 V と電流 I から $V = IR$ の関係を用いてサーミスタの抵抗 R を求める．その後，縦軸をサーミスタの抵抗 R，横軸に温度 T をとり，降温過程，昇温過程それぞれのサーミスタの電気抵抗の温度依存性のグラフを描く．

14. 温度の逆数 T_a^{-1} とサーミスタの抵抗 R の表を降温・昇温共に新たに作成する．その際温度の単位を [°C] から絶対温度 T_a の [K] に変換する（表 10.2 参照）．絶対温度への変換は，

$$T_a = 273.15 + T \tag{10.2}$$

を用いる．

15. 縦軸にサーミスタの抵抗 R を対数軸でとり，横軸に温度の逆数 T_a^{-1} をとったグラフ（片対数グラフ）を降温過程，昇温過程のそれぞれに対して作成する．得られたグラフに対し近似曲線で指数近似を行い，得られた数式を表示する（Excel 上の数式の表示については，実験上の注意を確認すること）．

表 10.2 棒温度計の温度およびサーミスタの抵抗

温度 T [°C]	温度 T_a [K]	温度の逆数 $T_a^{-1}[K^{-1}]$	抵抗 R [kΩ]
⋮	⋮	⋮	⋮

10.5　実験上の注意

1. 測定で用いる電圧計や電流計にはその目盛板に用途，取り付け姿勢，精度，動作原理などが記号で記されている (3.10 節を参照)．この表示を調べ，正しい取り付け姿勢 (測定機器の設置方法) で測定する．

2. 棒温度計はガラスで出来ているので，割らないように慎重に扱うこと．

3. 本体の電源を切る際は，AC 出力調整つまみおよび DC 安定化電源出力調整つまみを左いっぱいに回した後，電源を切ること．

4. 電圧は，定電圧測定のため 1V からほとんど変化しないが，各測定の最初と最後に念のため電圧計の値が 1V であることを確認すること．

5. 式中に表示されている「exp」は，$\exp(x) = e^x$ である．

6. Excel で表示される E-03 や E+10 は，$\times 10^{-3}$ や $\times 10^{10}$ の意味である．

10.6　考察

得られた結果について以下の点を考慮して考察せよ．

1. 今回使用したサーミスタは，NTC サーミスタである．したがって，温度 T と電気抵抗 R には，式 (10.1) の関係がある．つまり，方法 14 のグラフで得た数式から B 定数を見積もることができる。実験で得られた B 定数は，一般的な NTC サーミスタの B 定数として妥当な範囲にあるだろうか（＜参考＞を参照すること）．

2. B 定数が大きすぎるまたは小さすぎる場合，サーミスタの電気抵抗の温度依存性は，測定結果と比較するとどのような温度変化になるだろうか．

3. 昇温過程と降温過程のグラフは一致しただろうか．一致しなかった場合，どのような理由が考えられるだろうか．

問 1 半導体では電子が原子核に強く束縛されているため，絶対零度では伝導電子は存在せず，電気抵抗は無限大となる．しかし，温度が上昇すると熱エネルギーによって電子の一部が原子核の束縛から離れて伝導電子となり，電気抵抗が減少する．この電気抵抗 R は，伝導電子の数 n に反比例する $(R \propto n^{-1})$。1 個の束縛電子が伝導電子となるために必要なエネルギー (活性化エネルギー) を ΔE とすると，n は，$\exp\left(-\dfrac{\Delta E}{2k_B T}\right)$ に比例する関係がある．考察 1 で得た B 定数を用いて，本実験におけるサーミスタの活性化エネルギー $\Delta E[\mathrm{J}]$ を求めよ．$(k_B$ はボルツマン定数)

＜参考＞

式 (10.1) は X_0 を任意の定数として

$$R = R_0 \exp B\left(\frac{1}{T} - \frac{1}{T_0}\right) = X_0 \exp\left(B\frac{1}{T}\right) \tag{10.3}$$

と書き直すことができる。温度と B 定数の単位は絶対温度 [K] であることに注意せよ．また，式 (10.3) は，Excel で表示した数式と同じ形であることに気づく．

実験 11.

光電効果

11.1 目的

プランク定数は，原子・分子などの微視的な世界を特徴づける重要な物理定数であり，量子力学などで様々な物理量の量子化の際に必ず現れる。さらに質量の単位である「（キログラム）」の基準でもある。この実験では，アインシュタインの光量子化説を実験的に検証したミリカンの方法として知られる光電管による光電現象を観測し，プランク定数と仕事関数を求め，光電効果の理解を深める。

11.2 測定原理

金属に光を照射すると，その表面から電子が飛び出す。飛び出した電子を光電子といい，この現象を光電効果という。光電効果は光が波の性質だけでなく粒子の性質も有すると考えると理解できる。光が持つエネルギーは光の振動数に比例する。この比例定数を h とすると，振動数 ν(ニュー) の光は $h\nu$ のエネルギーを持つ粒子（光子：photon）の集まりと見なせる。金属に振動数 ν の光を照射すると，光子のエネルギー $h\nu$ が金属内の自由電子に与えられる。$h\nu$ が十分に大きいと電子は金属表面から飛び出す。このとき，光電子のもつ運動エネルギー E は，光電子が金属から飛び出すために費やすエネルギーの最小値を W として，エネルギー保存則から

$$E = h\nu - W \tag{11.1}$$

となる。W は金属の種類によって異なる量で仕事関数とよばれる。W は照射光の振動数に依らず一定である。光電効果が起こるためには $E \geqq 0$ でなければならない。$W = h\nu_0$ となる ν_0 を用いると，$E = h(\nu - \nu_0) \geqq 0$ となる。したがって，照射する光の振動数 ν は，

$$\nu \geqq \nu_0 = \frac{W}{h} \tag{11.2}$$

でなければならない。ここで，ν_0 を限界振動数，それに対応した波長 $\lambda_0 = \dfrac{c}{\nu_0}$ を限界波長という。ここで c は真空中での光の速さである。

光電効果を検出するためには光電管を用いる。図 11.1 に実験装置の概略図を示す。光電管には半円筒状の光電面（陰極）とその円弧の中心にある針状のコレクター（陽極）が封入されている。光電面には，仕事関数 W の小さな金属が使用され，本実験では Sb-Cs（アンチモンーセシウム）が用いられている。光電面に限界波長より短い波長の光が当たると，いろいろなエネルギー $h\nu$ を持った光電子が飛び出す。通常，光電管には陽極に正の電圧がかけられているため，光電子は陽極に集まり，光電流となって光電管から管外へ流れ出る。このとき放出された電子の最大のエネルギーを測るために，陽極の電位を陰極の電位より低くしておくと，光電子のうち運動エネルギーの小さいものは，陽極の逆電圧により陰極に追い返され光電流は減少する。この逆電圧を増加して最大エネルギー E をもつ光電子をすべて追い返すことができる大きさにすると光電流は流れなくなる。光電流が 0 となる逆電圧を阻止電圧という。この阻止電圧を V_0 とすると，光子の最大エネルギーは $E = eV_0$ となる。ここで，e は電子の電荷である。したがって式（11.1）は，

$$eV_0 = h\nu - W \tag{11.3}$$

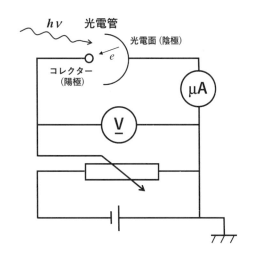

図 11.1　実験装置の概略図。各部分の役割については本文を参照のこと。

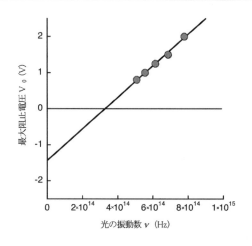

図 11.2　最大阻止電圧 V_0 と入射した光の振動数 ν のグラフ。式 (11.4) より直線の傾きと y 切片から h と W が求められる。

となる。この式を変形すると，

$$V_0 = \frac{h}{e}\nu - \frac{W}{e} \tag{11.4}$$

となり，さまざまな振動数 ν の光に対する阻止電圧 V_0 を測定することで図 11.2 のようなグラフを作成することができ，グラフの傾きからプランク定数 h，切片から仕事関数 W を得ることができる。

11.3　装置

プランク定数測定器（本体，色ガラスフィルター，減光版），マイクロアンペア計，直流電圧計
(※繊細な装置なので慎重に扱うこと)

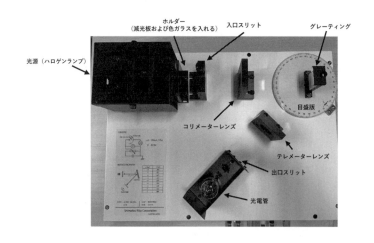

図 11.3　プランク定数測定装置

　　光電効果を定量的に計測するためには，照射される光子の最大エネルギーが明瞭に決まるように光の強度が短波長から長波長側へシャープに立ち上がる必要がある。この装置では，ハロゲンランプの光をグレーティング（回折格子）により分光（波長ごとに光を分けること）し，特定の波長域の光のみをスリットに通し単色光を得る。図 11.3 に本装置の構成を示す。光源から出て入口スリットで集められた光は，コリメーターレンズで平行光になり，グレーティングで分光する。分光した光は，テレメーターレンズで集光し，出口スリット付近に連続して分布したスリット像（スペクトル）として得られる。スペクトルのうち，スリッ

トを通過した光は単色光として光電管に入射する。目盛盤上のグレーティングの角度を変えることにより，スリットを通過する光（すなわち，光電管に入射する光）の波長を選ぶことができる。表 11.1 に目盛盤の角度とそれに対応する光の波長および振動数を示す。

表 11.1　グレーティングの角度とスペクトル

	角度 [deg.]	波長 [nm]	振動数 [$\times 10^{14}$ Hz]
紫外	-8	386	7.78
紫	-7	411	7.29
青	-6	437	6.86
	-5	463	6.47
	-4	489	6.14
緑	-3	514	5.83
	-2	539	5.56
黄	-1	564	5.31
	0	589	5.09

11.4　方法

1. 本体に電流計および電圧計はすでに接続済みである。LAMP スイッチが OFF（下向き），GAIN が ×1（下向き）になっていることを確認する。

2. 本体の電源を ON にする。回路が安定するまで 20 分程度待つ。この間にデータをまとめる表（表 11.2 参照）を実験ノートに作成する。この表はレポートとグラフ作成のために，後で Excel で作成し印刷する。

表 11.2　最大阻止電圧-振動数特性。表中の「7.78E+14」等は，7.78×10^{14} 等の意味。

波長 [nm]	振動数 ν [Hz]	阻止電圧 V_0 [V]
386	7.78E+14	
437	6.86E+14	
489	6.14E+14	
539	5.56E+14	
589	5.09E+14	

3. COLLECTOR VOLTAGE を左いっぱいに回し，電圧計が 0 V になっていることを確認する。その後，右いっぱいに回し，電圧計が 3 V 以上の電圧を示すことを確認する。電圧の可変には，精密級 10 回転ポテンショメータを使用しているため，操作は丁寧に行う。

4. 目盛盤を $-8°$（波長 386 nm）に正しく合わせる。

5. COLLECTOR VOLTAGE を回し，3 V に合わせ，LAMP スイッチを ON にする。

6. スリットが全閉，GAIN が ×1 であることを確認し，ZERO ADJ. で電流計を 0 に合わせる。1 分程度待ってから GAIN を ×100 に合わせて，ZERO ADJ. で電流計を 0 に合わせ，1 分程度待つ。0 からずれた場合はまた 0 に合わせ 1 分程度待つ。電流計が，0 で安定したら GAIN を ×1 に戻す。

7. COLLECTOR VOLTAGE を左いっぱいに回し，0 V に合わせる。

8. スリットのつまみを回し，電流計が 100 μA を指すようにして 1 分程度待つ。

9. COLLECTOR VOLTAGE を右に回して 3 V にして電流計がほぼ 0 を指していることを確認する。

10. GAIN×1 の状態で ZERO ADJ. で電流計を 0 に調整する。その後，GAIN×100 にして ZERO ADJ. で電流計を 0 に注意深く調整し，1 分程度待ち変化がないことを確かめる。この状態が，逆電圧 3 V，光電流 0 μA である。

11. 逆電圧を 3 V から徐々に下げ，光電流が 0.01 μA（GAIN×100 で電流計の 1μA に相当）になる逆電圧を読む。このとき，逆電圧を変えてから電流が落ち着くまで 10 秒ほど待ってから読む。

12. 本実験では光電流が 0.01μA のときの逆電圧を阻止電圧 V_0 とみなす。したがって，このときの逆電圧は波長 386 nm における阻止電圧に相当するので，実験ノートに作成した表 11.2 に記入する。

13. スリットを閉じ，逆電圧を 3V に戻す。

14. 6 から 13 までの操作を目盛盤の角度が −6°，−4°，−2°，0° に対しても行う。−2° と 0° のときは，ホルダーに色ガラスを入れて行う。

15. 実験ノートのデータ（表 11.2）を用いて，$V_0 - \nu$ グラフ（図 11.2 参照）を Excel で作成する。データ点を最小 2 乗法により直線でフィッティングし，直線の傾きと y 切片を求める（Excel の近似曲線機能を用いて，直線近似し，結果を数式表示させればよい）。得られた傾きと y 切片からプランク定数 h と仕事関数 W を算出する。プランク定数の単位は [J·s]，仕事関数の単位は [eV] で示すこと。（eV:エレクトロンボルト， 1 eV = 1.60219×10^{-19} J）

11.5 実験上の注意

1. 光学系を覆っているカバーは勝手に開けないこと。

2. グレーティング表面には絶対に触れないこと。

3. Excel で表示される E-03 や E+10 は，$\times 10^{-3}$ や $\times 10^{10}$ の意味である。

4. COLLECTOR VOLTAGE での電圧の可変の操作は丁寧に行うこと。

5. エクセルで作成した阻止電圧と振動数のグラフを直線近似して数式を表示させた際，プランク定数を計算するのに必要な傾きの値が通常 1 桁しか出てこない。そこで，表示形式→指数，小数点以下の桁数→3 に変更してグラフに表示させること。

11.6 考察

得られた結果について以下の点を考慮して考察せよ。

1. 実験で得られたプランク定数は，巻末の物理定数表のプランク定数の値と比較してどのようなものであったか。

2. 今回の測定で最も誤差の原因となった測定値を挙げ，どのようなことが原因か考えよ。

実験 12.

オシロスコープで見る電気信号

12.1　目的

　われわれのまわりのさまざまな物理量は電気信号に変換して観測されることが多い。オシロスコープは，そのような電気信号が時間とともにどのように変化するのかを調べるときに大変有効な装置である。周期的に変化する電圧や瞬間的に変化する電圧が画面に波形として表示されるため，電気信号の時間変化を視覚的に捕らえることができ，工学，理学，医学などの分野において幅広く利用されている。ここでは，オシロスコープの基本的な原理を理解し，その取り扱いに慣れることを目的とする。

12.2　理論

　オシロスコープにはアナログオシロスコープとデジタルオシロスコープがあるが，最近は高速アナログ／デジタル変換技術 (高速 A ／ D 変換技術) やデジタル信号処理技術などが大きく進歩し，デジタルオシロスコープが使われることが多い。特に，入力された電圧の時間変化をメモリに保存し，さまざまな処理をした後に画面に表示するデジタルストレージオシロスコープが最近の主流である。図 12.1 はデジタルストレージオシロスコープの大まかな信号処理プロセスを示したものである。入力信号 (アナログ信号) は，感度切替えの減衰器 (アッテネータ) を通して増幅器 (アンプ) へ送られる。アンプで増幅されたアナログ信号は，A ／ D 変換器によって一定の時間間隔で読み取られ (サンプリングされ)，デジタル信号 (2 進数) に変換される。この (サンプリングされた) デジタル信号は順次，波形データ蓄積メモリに記録されていく。次に，オシロスコープ内部のコンピュータが波形データ蓄積メモリのデータに対し必要に応じてさまざまな処理を施し，表示用メモリへデータを転送する。表示用メモリのデータは，ディスプレイコントローラによって画面 (ディスプレイ) 上に波形として表示される。

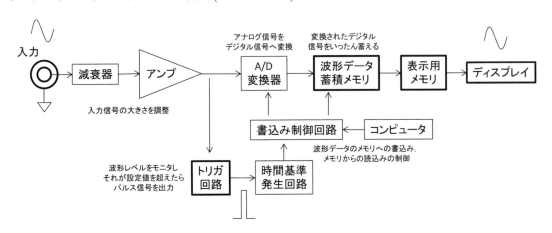

図 12.1　オシロスコープの信号処理プロセス

　オシロスコープの画面では，電圧が垂直軸方向，時間が水平軸方向にとられている。波形は時間が画面の左から右へ向かって経過するように表示される。波形に実際の時間経過が反映されることをスイープと呼ぶ。スイープに

より，前回のトレースは新しいトレースに書き換えられる。

　信号波形をどのように画面に表示させるのかは，オシロスコープの設定に依存する。この設定にはたとえば垂直軸と水平軸のスケール設定などがある。今回，使用するオシロスコープでは垂直軸は 8 分割，水平軸は 12 分割されている。この分割の縦あるいは横の単位を division といい DIV で表す。たとえば，電圧スケールは，100 mV/DIV，時間スケールは，200 ms/DIV のように表す。

　周期信号が画面に表示された場合，その波形トレースと水平軸のスケールから周期 T [s] を読み取ることができる。読み取った T から周波数 f [Hz]$(= 1/T)$ を求めることができる。また，垂直軸の電圧スケールから周期信号の振幅を読み取ることができる。既に述べたように，デジタルストレージオシロスコープでは，データがメモリ上に残っており，そのデータが新たに上書きされない限り，消えることはない。すなわち，新しいスイープが実行されるまで，最後に実行されたスイープでの波形トレースが画面に表示されている。このため，瞬間的な非周期信号を観測する際にもデジタルストレージオシロスコープはたいへん有効である。

　以下に典型的な波形を示す。この中で単発パルスが非周期信号，それ以外は周期信号である。

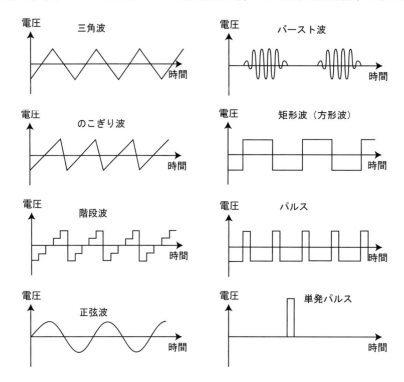

図 12.2　典型的な波形

12.3　装置

　デジタルオシロスコープ，波形発生器，電池，心音アンプ，マイク，プローブ
各機器のボタンやつまみの名称・機能について，このテーマの最後にまとめてあるので，それを参照しながら実験すること。

12.4　方法

　最初にオシロスコープの基本的操作を学ぶ。その後，基本操作を応用し，簡単な波形観測を行う。以下では，たびたび画面上の波形トレースを実験ノートに記録するが，その際は水平時間軸および垂直軸電圧スケールも一緒に記録すること。

1. 基本的動作の学習

オシロスコープの校正用波形出力を用いる。

(a) オシロスコープの電源コードを AC100V コンセントに差し込み，電源スイッチを ON にする。

(b) 画面の明るさが適正でないときは，オシロスコープの display を押し，画面の明るさを調整する。なお，適正であれば調整しなくてもよい。

(c) オシロスコープのプローブを Ch1 入力端子 (同軸端子) に接続する (通常，接続済みである)。プローブの棒状部分 (灰色) の太いつば (スリーブ) をスライドさせると先端に細い針金のフックが現れる。このフックを校正用波形出力端子の輪 (左側) に引っかける。そのすぐ右横にグランド端子があるので，そこにプローブのグランド線 (ワニ口クリップ) を接続する。オシロスコープの初期化と動作確認を以下のように行う。

   i. Default Setup ボタンを押す。

   ii. Auto-Scale を押す。

   iii. Ch1 選択ボタン ("1" のボタン) を押す。画面の右側に Ch1 の設定パラメータのメニューが表示される。

   iv. メニューの Probe の横のキーを押す。選択キーを回して "10 ×" を選び，選択キーを押して決定する。この実験で用いるプローブには，オシロスコープの被測定回路に与える影響が小さくなるように 1/10 の信号減衰回路が組み込まれている。オシロスコープのプローブ設定を "10 ×" とすることで，画面の表示電圧が実際の電圧と一致する。

   v. メニューの Coupling の横のキーを押す。選択キーを回して "DC" を選び，選択キーを押して決定する。

   これで画面が下の写真のようになれば，正常である。

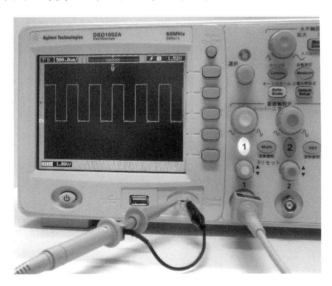

図 12.3　校正用波形の観測

(d) ここまでの設定で，画面の下側に，垂直軸電圧感度 (volt [V/DIV]，1 目盛あたりの電圧)，画面の上側に掃引時間 (time [s/DIV]，1 目盛あたりの時間) の設定パラメータが表示されている。画面の左側にあるくさび型の記号はグランドレベル (0V) を示している。画面の左上角に "T D" と表示されているのは，正常にトリガがかかっていることを示している (トリガについては後で学ぶ)。画面の波形トレースを実験ノートに記録せよ(垂直軸と水平軸の目盛やスケールも記録すること)。観測した波形は何という波形か？また，観測波形の周期 T [s]，周波数 f [Hz]，振幅 V_0 [V] を画面より求めよ(周波数 f は $f = 1/T$ で求められる)。

(e) 水平軸を操作するために，水平軸時間スケール設定つまみを回し 1 ms/DIV に設定する。画面に表示される波形トレース中の繰り返しの数が倍に増える。逆に 200 μs/DIV と設定すると，波形が時間方向に

拡大される。これらの波形をそれぞれ実験ノートに記録せよ。

(f) 時間スケールを 500 μs/DIV に設定する。Ch1 ボタンを押してメニュー内の Coupling を DC から GND に変更する。入力信号が遮断され波形トレースがグランドレベルを示す横一直線になる。このことを確認せよ。

次に，Coupling を”AC”にして Auto-Scale を押す (垂直電圧スケールの表示記号が「〜」に変わる)。最初の波形と同じような波形が表示されるが，グランドレベルを示す記号の位置が DC coupling の場合と異なる。これは，DC coupling の場合は，入力信号がそのまま表示されるが，AC Coupling の場合は時間とともに変化しない直流成分がカットされるためである。つまり，時間変化する部分だけを詳細に観測したい場合は，AC coupling がよい。この波形を実験ノートに記録せよ。

2. 直流信号の観測

直流電圧 (電池) をオシロスコープで測定する。

(a) Ch1 選択ボタンを押し，オシロスコープの設定で，Coupling を”GND”(Probe は”10 ×”のままでよい) にする。また，水平軸スケール設定つまみ，および，垂直軸スケール設定つまみで水平時間軸スケールを 100 ms/DIV，垂直軸電圧スケールを 500 mV/DIV にする。

(b) 垂直位置移動つまみを回してグランドレベル (グランド記号の垂直位置) を下から 1 目盛の位置に設定する (グランドレベルの横一直線のトレースを確認する)。次に，電池ボックスのプラス側にプローブ・フックを引っかけ，マイナス側にプローブ・グランド線を接続する。Ch1 選択ボタンを押し，Coupling を”DC”に設定する。トレースが上方に移動したことを確認し，その波形を実験ノートへ記録する。波形トレースから電池の電圧を調べよ。

(c) 接続はそのままにして Ch1 選択ボタンを押し，Coupling を”AC”に変更する。観測される波形を実験ノートに記録せよ。

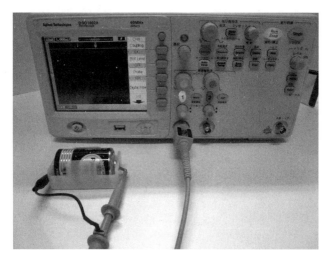

図 12.4 直流電圧 (電池) の測定

3. 周期信号の観測

周期信号としてさまざまな周波数の正弦波を波形発生器で発生させ，オシロスコープで観測する。

(a) 波形発生器の電源スイッチが OFF であることを確認し，出力調整ダイヤルを**最小 (反時計まわり)**，出力減衰器を”0 dB”，周波数レンジを”1 ×”にする。波形発生器の電源コードを AC100V のコンセントに差し込む。波形設定ボタンが正弦波 (〜) であることを確認する。

(b) オシロスコープの設定で，Probe を”10 ×”，Coupling を”AC”，水平時間軸スケールを 5 ms/DIV，垂直軸電圧スケールを 500 mV/DIV にする。つぎに波形発生器の電源スイッチを ON にする。振動数のダイヤルを 50 Hz〜100 Hz の間に設定する。バナナチップ−ワニ口リード線 (赤い線と黒い線の 2 本) を用いて波形発生器とオシロスコープを接続する。バナナチップを波形発生器の出力端子に接続する (黒がグランド側)。オシロスコープのプローブ・フックとグランド線にワニ口クリップをそれぞれ挟む。

波形発生器の出力調整つまみをおおよそ「10 時」の向きに設定する。オシロスコープの Auto-Scale を押す。正弦波が表示されるはずである。

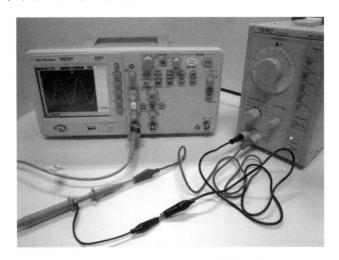

図 12.5　オシロスコープと波形発生器

(c) 波形発生器の出力調整つまみを調整し (必要ならオシロスコープの垂直軸スケール設定も調整), 正弦波の山と谷の間の電圧 (p-p 電圧：peak to peak 電圧という) が約 1 V になるようにせよ。観測された波形を実験ノートに記録する。正弦波の周期 T および振動数 f, 振幅 V_0 を求めよ。

(d) つぎに, 波形発生器の周波数を約 200 Hz, 約 3000 Hz と順に変えて, それぞれの波形を実験ノートに記録する。このとき, 画面に 3〜4 周期分の波形が表示されるように, 横軸 [Time/DIV] を調整すること。記録した波形の振動数と振幅を求めよ。

(e) トリガ機能

オシロスコープでは周期信号を観測しやすくするために, 画面に波形が静止したように表示させるトリガ機能と呼ばれるものがある (トリガ (trigger) とは「引き金」を意味する)。トリガの理解はたいへん重要であるので, 以下で簡単にトリガ機能について実験してみよう。オシロスコープ内には, 波形の電圧をモニタし, ある設定値を超えたらパルス信号を出すトリガ回路と呼ばれるものがある。トリガ回路に入力された信号が設定条件を満たすことを「トリガがかかる」という。トリガがかかると, オシロスコープ内の波形データ蓄積メモリにあるデータの一部が表示用メモリに移され, トリガがかかった点の前後の波形が画面に表示される。このとき, トリガがかかった点の波形データが画面上の決まった位置にくるように表示されるため, 波形トレースが画面上で静止して見える。トリガ条件 (トリガ電圧, トリガレベル) の設定にはいろいろあるが, 一般的には

i. 電圧の時間変化が増加するとき (slope が立ち上がりエッジ)

ii. 電圧の値が p-p 振幅の中心に達するとき (トリガレベルが 50)

という設定である。トリガの時間位置は ▽ T で表示されている。ここで, トリガレベル (トリガ電圧) を変化させてみよう。波形発生器の周波数ダイヤルを 50 Hz に設定する。オシロスコープのトリガレベル設定つまみを回してトリガレベルを変える。トリガレベルの変化に応じて波形トレースが変化する。波形がどのように変化したか, 図で示せ (わかりやすいように工夫せよ)。トリガレベルが入力信号の振幅を超えるとどうなるか, わかりやすく図で表し, 理由について簡単に説明せよ。

4. 心音波形の観測

心臓の体表面での振動をマイクによって電気信号に変換し, その電気信号を増幅器 (アンプ) によって増幅する。増幅した信号はスピーカーから音に再度変換して出力されている。この増幅した電圧波形をオシロスコープで観察する。

(a) オシロスコープの準備：最初の測定と同様に, プローブをオシロスコープの校正用信号出力に接続する。

そして，Probe を" 10 ×"，Coupling を" AC" とした後に，Auto-Scale ボタンを押し，方形波 (矩形波) を確認する。

(b) 機器の接続：心音アンプの音量調整つまみを最小 (**OFF**) にする (**確認**)。次に，心音アンプの電源コードを AC100V コンセントに接続する (電源スイッチはまだ OFF)。心音アンプの入力にマイク端子を接続する (通常，接続済み)。次に，オシロスコープのプローブを心音アンプの外部出力端子に接続する。外部出力端子の中央部分 (小穴) にプローブ・フックを引っかける。また，外部出力端子の外側部分にプローブ・グランドを接続する。

(c) 心音の測定

オシロスコープの画面上で，グランド記号が上下中央の位置にあることを確認する。中央にない場合は，垂直位置移動つまみで調整する。水平軸時間スケール設定つまみで 200 ms，または，500 ms に合わせる。心音アンプの音量調整つまみを最小 (**OFF**) の位置から少し時計まわりに回し (**カチッと音がする**)，心音アンプの電源スイッチを入れる。円筒型マイクロフォンの白い面を服の上から左胸の心臓付近に軽く押し当てる (ジャケットなどで厚着している場合は，その下から当てる方がよい)。音量つまみの位置は，時計の「9 時」〜「10 時」の位置に設定する (**心音アンプの音量つまみを，「10 時」より大きくしないこと。また，マイクに大きな雑音を入れないこと**)。音量が不十分な場合はマイクロフォンの当て方を工夫すること。マイクロフォンを当てながら，画面に表示される波形を観測する。水平時間軸スケール (通常，200 ms/DIV〜500 ms/DIV) と垂直電圧スケール (通常，100 mV/DIV〜200 mV/DIV) を調整し，3〜6 周期程度の波形が画面に入るようにする。波形が安定してきたら，Single ボタンを押す。<u>よい波形が得られたら，その波形を実験ノートに記録せよ</u>。よい波形が得られなかった場合，Run ボタンを押し，波形を見ながらよい波形が得られるような条件を探すこと (測定中はマイクロフォンを動かさず，呼吸を止めた方がよい)。<u>得られた波形から，脈拍 (1 分間の鼓動数) を計算せよ</u>。

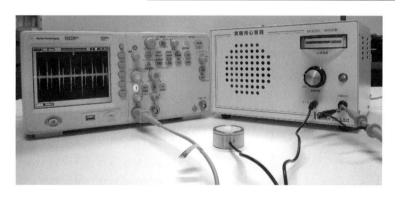

図 12.6 オシロスコープと心音アンプ，マイクロフォン (円筒型)

12.5 実験上の注意

1. オシロスコープ本体やプローブは壊れやすいので，十分注意して扱うこと。
   オシロスコープのプローブは，単純に電気信号を伝えるだけの導線ではない。外部からのノイズの流入を防ぎ，また，オシロスコープ自身が被測定回路に影響を与えないように，シールド被膜や高域補正回路，分割抵抗器などが入った電子部品であり，壊れやすい。
2. 心音アンプの音量 (出力) つまみを時計の「**10 時**」の位置より大きくしないこと。

12.6 考察

各測定で指示されたこと (下線部) をレポートにまとめること。実験ノートに記録した波形はグラフ用紙に清書し，レポートに添付すること (実験ノートを切りとったものや携帯写真・デジカメ写真は受け付けない)。

12.7 主な機器の取り扱いについて

1. デジタルストレージオシロスコープ (図 12.7)

   ボタンやつまみの名称は図 12.7 の通りである。本実験で用いるデジタルオシロスコープでは，画面右上角の
   メニュー ON/OFF ボタンで，画面の右側にメニューを表示させ，その横のボタンを押すことにより，設定
   ができる。メニュー項目の選択・決定には，選択キーを用いると便利である。選択キーを回して項目を選び，
   選択キーを押すと決定になる。なお，メニューを消すときもメニュー ON/OFF ボタンを使う。本文をよく
   読んで使うこと。

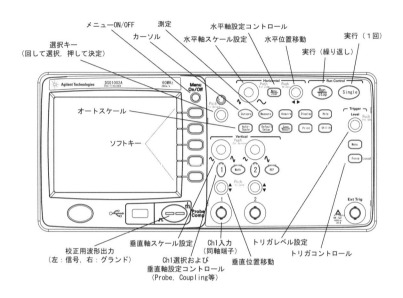

図 12.7 デジタルストレージオシロスコープ

2. プローブ (図 12.8)

   プローブの役割は，(1) 被測定回路の電圧をオシロスコープに正確に伝える，(2) 外部からのノイズの流入を
   防ぐ，(3) オシロスコープ自身が被測定回路に影響を与えないようにする，というものである。このため，プ
   ローブにはシールド被膜や高域補正回路，分割抵抗器が組み込んである。

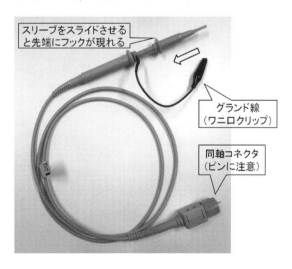

図 12.8 プローブ

3. 波形発生器 (図 12.9)

周波数範囲は，10 Hz〜数 10k Hz である。周波数の設定は，周波数設定ダイヤルと周波数レンジ設定ボタンで行う。出力は，ATTENUATOR(出力減衰器) でレンジを変えて，出力調整つまみで，微調整する。出力減衰器 (ATTENUATOR) の意味は，0 dB：1 倍，−20 dB：1/10 倍，−40 dB：1/100 倍，である。

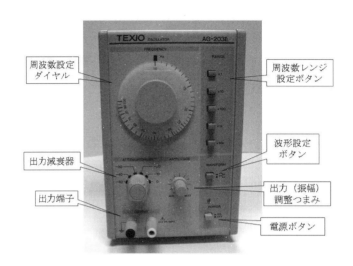

図 12.9　波形発生器

4. 心音アンプとマイクロフォン (図 12.10)

　マイクロフォンからの入力を増幅してスピーカーおよび出力端子から出力する。この心音アンプでは，音量つまみが電源スイッチを兼ねている。音量つまみを反時計まわりに回しきった状態が電源 OFF で，時計まわりに少し回すと電源が入る。回す量に応じて音量が大きくなる。また，マイクロフォンは重いのでマイクケーブルだけを持つとケーブルが根本から切れる恐れがある。必ずマイク本体を持つこと。

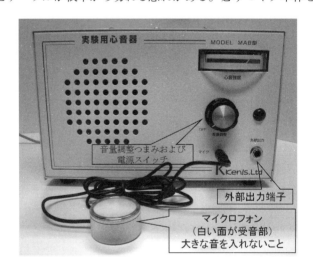

図 12.10　心音アンプとマイクロフォン

<参考文献>
「トランジスタ技術　SPECIAL for フレシャーズ　デジタル・オシロスコープ活用ノート」CQ 出版社

B 実験項目群

実験 13.

地球磁場の水平成分および磁石の磁気モーメント

13.1 目的

棒磁石と磁力計を用いて，地球磁場 (地磁気という) の水平成分と棒磁石の磁気モーメントを測定する。

13.2 理論

磁石はそのまわりに磁場をつくるが，地磁気も地球という一種の磁石から生じるものである。地磁気の全磁力 $\boldsymbol{B}$ は図 13.1 に示すように地理上の北から少しずれており，水平ともある角度をなしている。この地磁気の全磁力 $\boldsymbol{B}$ が水平となす角度を伏角 I といい，$\boldsymbol{B}$ の水平成分 B_H が地理上の北となす角度を偏角 D という。この地磁気の中に磁気モーメントが既知の磁石をおき，これに作用する力を測定すれば，その地点における地磁気の磁束密度 B が得られる。

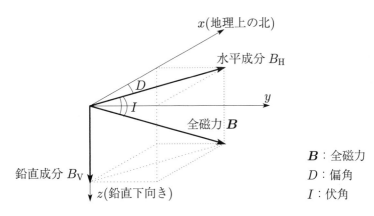

図 13.1 地磁気の 3 要素

1. 振動の実験 (mB_H の決定)

いま図 13.2 に示すように磁気モーメント m の棒磁石をねじれのない細い糸で水平につるす。磁石が地磁気の水平成分 B_H と微小角 ϕ をなすとき．この磁石に作用する鉛直軸のまわりの偶力のモーメント L は

$$L = mB_\mathrm{H} \sin\phi \approx mB_\mathrm{H}\phi \tag{13.1}$$

である (最後の ϕ の単位は rad[ラジアン])。したがって，磁石の中心を通る鉛直軸のまわりの回転の運動方程式は

$$I\frac{\mathrm{d}^2\phi}{\mathrm{d}t^2} = -mB_\mathrm{H}\phi \quad [\text{Wb·A}] \tag{13.2}$$

ただし，I は磁石の中心を通る鉛直軸のまわりの慣性モーメントで，磁石の長さを $l\,[\text{m}]$，正方形断面の一辺

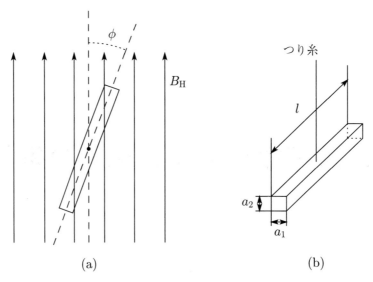

図 13.2　地磁気と棒磁石の位置関係

の長さを $a\,[\mathrm{m}]$, 質量を $M\,[\mathrm{kg}]$ とすると

$$I = \frac{M}{12}(l^2 + a^2)\quad[\mathrm{kg\cdot m^2}] \tag{13.3}$$

式 (13.2) より, 磁石は単振動することが知られ, その周期 T は

$$T = 2\pi\sqrt{\frac{I}{mB_\mathrm{H}}}\quad[\mathrm{s}] \tag{13.4}$$

したがって, 式 (13.3) と式 (13.4) から

$$mB_\mathrm{H} = \left(\frac{2\pi}{T}\right)^2 I \equiv Y\quad[\mathrm{Wb\cdot A}] \tag{13.5}$$

となり, I と T を測定すれば mB_H が得られる。

2. ふれの実験 (m/B_H の決定)

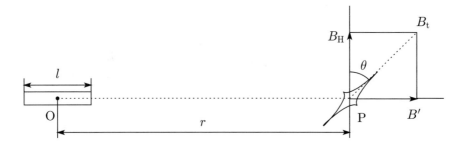

図 13.3　振動磁力計の磁針と棒磁石の位置関係

図 13.3 のように長さ $l\,[\mathrm{m}]$, 磁気モーメント $m\,[\mathrm{A\cdot m^2}]$ の磁石をおいたとき, その軸の延長上で中心からの距離 $r\,[\mathrm{m}]$ の点 P における磁束密度 B' は大きさが

$$B' = \frac{\mu_0 m}{2\pi}\frac{r}{\left[r^2 - \left(\frac{l}{2}\right)^2\right]^2}\quad[\mathrm{T}] \tag{13.6}$$

で, OP の方向をもつ (最後の＜参考＞を参照)。ここで μ_0 は真空の透磁率であり

$$\mu_0 = 4\pi \times 10^{-7}\quad\mathrm{N/A^2} \tag{13.7}$$

である。

いま，この O 点の棒磁石を東西に向けておくと，点 P における磁場は磁石によってつくられる B' と地磁気による B_{H} をベクトル的に合成した B_{t} となり，地磁気の南北に対し θ の角度をなす。したがって点 P に磁力計をおくと磁針は回転し，B_{t} の方向にきたとき偶力が 0 となってつりあう。すなわち θ の方向を指して止まる。

θ，B_{H}，B' の関係は図から明らかなように

$$\tan\theta = \frac{B'}{B_{\mathrm{H}}} = \frac{m}{B_{\mathrm{H}}}\frac{\mu_0}{2\pi}\frac{r}{\left[r^2 - \left(\frac{l}{2}\right)^2\right]^2} \tag{13.8}$$

となる。式 (13.6) と式 (13.8) から

$$\frac{m}{B_{\mathrm{H}}} = \frac{2\pi}{\mu_0}\frac{\left[r^2 - \left(\frac{l}{2}\right)^2\right]^2}{r}\tan\theta \equiv Z \quad [\mathrm{A\cdot m^4/Wb}] \tag{13.9}$$

が得られる。したがって，r と θ を測定すれば $\dfrac{m}{B_{\mathrm{H}}}$ が定まる。

以上の結果から式 (13.5) と式 (13.9) より

$$B_{\mathrm{H}} = \sqrt{\frac{Y}{Z}} \quad [\mathrm{T}] \tag{13.10}$$

$$m = \sqrt{Y\cdot Z} \quad [\mathrm{A\cdot m^2}] \tag{13.11}$$

となり，地磁気の水平成分 B_{H} および磁石の磁気モーメント m が得られる。

13.3　装置

振動磁力計，偏角磁力計，ストップウォッチ，キャリパー，天秤，棒磁石 (磁力が強いから時計に近づけないこと)

13.4　方法

1. 振動法による mB_{H} の測定

   振動磁力計は図 13.4 のようなものである。室内の空気の動揺の影響を避けるため磁石は箱の中につるされる。白い台座には水平調節用ネジ (4 本)，天板上には磁石の上下を調節するネジがある。

   (a) 棒磁石を水平につるして静止させ，底板の十字線の一方を磁石の方向と一致させる。このとき，磁石の中心が回転振動の軸に一致するように注意する。

   (b) 次に糸を軸として棒磁石に水平面内の小角ねじり振動 (振幅 10° 以内) を与え，その周期を測定する。

   - 振動を与えるには箱の外から鉄片を磁石の一方の極に近づけ急に離せばよい (磁石が上下方向に振動しないように注意して行う)。
   - 振動の周期を求めるには，5 周期ごとに時間を測り，35 周期まで測定し，20 周期についての平均をとる。測定結果は表 13.1 のように整理する。

   (c) 棒磁石の長さ l および断面の辺の長さ a，さらに質量 M を測定して慣性モーメント I を式 (13.3) から求める (表 13.2 を参照)。

   (d)　T と I より式 (13.5) から $Y = mB_{\mathrm{H}}$ を得る。

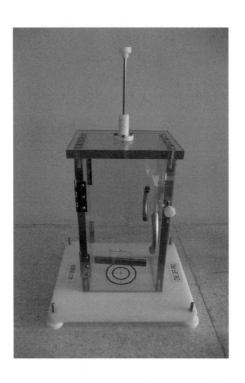

図 13.4　振動磁力計 (磁石をつるした状態)

表 13.1　振動磁力計の周期

周期	経過時間 t_1	周期	経過時間 t_2	$20\,T = t_2 - t_1$	$\Delta 20\,T = 20\,T - \overline{20\,T}$
0		20			
5		25			
10		30			
15		35			
20 周期の平均時間 $\overline{20\,T}$					
$\|\Delta 20\,T\|_{\mathrm{max}}$					

1 周期の平均値 $\overline{T} =$ 　　　　　 (sec)

表 13.2　棒磁石についての測定結果

		1 ヶ所目	2 ヶ所目	3 ヶ所目	4 ヶ所目	平均値
断面の辺	a_1 [m]					
の長さ	a_2 [m]					
棒磁石の長さ l [m]						
棒磁石の質量 M [kg]						

(表中の a_1, a_2 は棒磁石の断面 (ほぼ正方形) における直交する 2 辺の長さをさしている。)

$$Y = mB_{\mathrm{H}} = \qquad\qquad [\mathrm{Wb \cdot A}]$$

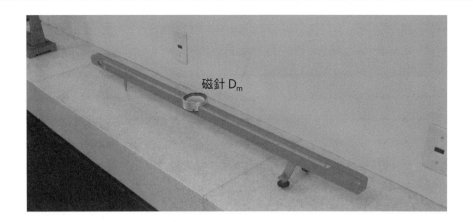

図 13.5　偏角磁力計 (磁針 D_m の付いたもの)

2. **ふれの方法による m/B_H の測定**

これに用いられる偏角磁力計を図 13.5 に示す。棒磁石をのせる木製台の中央部には水平面内で回転する磁針 D_m が取り付けてある。

(a) まず，台を磁針 D_m に垂直かつ水平になるよう調整し，東西の方向に向ける。

(b) 棒磁石を磁針の西側 r の距離におき，磁針が静止したときふれの角 θ_1, θ_2 を読む (図 13.6)。

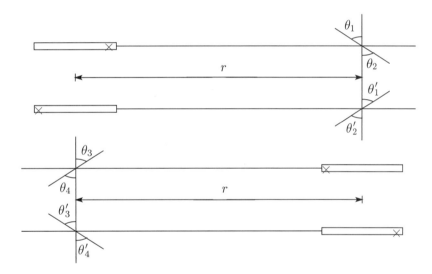

図 13.6　偏角磁力計の指示と磁石の関係

(c) 次に棒磁石をその位置で $180°$ 回転させ，反対の極を D_m に向けて再度ふれの角を測り，θ_1', θ_2' とする。

(d) さらに今度は棒磁石を磁針の東側に移し，同様の測定を行ってふれの角 θ_3, θ_4 および θ_3', θ_4' を読み取る (これは磁気的ならびに幾何学的な非対称による誤差を除くためである)。

(e) これらの値の平均 θ_r を r におけるふれの角とする。

(f) r, θ_r および l より，式 (13.9) から r における $Z_r = m/B_H$ を得る。

(g) 同様の測定を異なった r について行い，Z_r を平均して Z とする。

3. **測定結果の整理**

(a) 表 13.1〜表 13.3 を汎用表計算ソフト EXCEL を用いて作成し，各値の平均値などを求める。

なお，EXCEL 上で表示が困難なものは無理に表示させる必要はない。表計算をするために用いればよい。作成した表を後で印刷する場合には，表示が困難な部分はそのままにしておいて後で手書きすればよい。

(b) EXCEL の適当なセルに式 (13.5) および式 (13.9) に相当する計算式を入力することで Y および Z を求める。

表 13.3　ふれ角の測定結果

$r\,[\mathrm{m}]$ ＼ θ°	θ_1	θ_2	θ_1'	θ_2'	θ_3	θ_4	θ_3'	θ_4'	$\overline{\theta_r}$	Z_r
0.300										
0.400										
0.500										

$$Z = m/B_{\mathrm{H}} = \overline{Z_r} = \hspace{3cm} [\mathrm{A\cdot m^4\cdot Wb^{-1}}]$$

(c) 同様な方法により EXCEL を用いて式 (13.10) および式 (13.11) からそれぞれ $B_{\mathrm{H}}\,[\mathrm{T}]$ および $m\,[\mathrm{A\cdot m^2}]$ を求める。

13.5　実験上の注意

1. 測定の際，他の磁石，鉄類を十分遠ざけること。近くを人が移動しても測定が乱されることがある。
2. 周期の測定の際，つるした棒磁石を微小な角度であらかじめ振らせておき，適当な目印を横切った瞬間から測定を開始するとよい。

13.6　考察

得られた結果について以下の点を考慮して考察せよ。

1. 得られた B_{H} の値は理科年表にある地磁気の水平分力の値と比較してどのようなものであったか。室蘭地区 (または室蘭付近) の地磁気の水平成分の大きさ (水平分力) を理科年表で調べる。実験は誤りなく行えたといえるだろうか。誤差はどのようなところから生じたと考えられるだろうか。それは測定装置の精度あるいは測定値のばらつきから考えて妥当な範囲にあるだろうか。
2. 20 周期ごとの経過時間のばらつきはどの程度あっただろうか。それを基に周期の測定値の有効数字を決めることができる。
3. m/B_{H} の測定で，Z の値のばらつきはどの程度あっただろうか。また，ばらつきに特定の傾向があっただろうか。

問 室蘭地区 (または室蘭付近) の地磁気の偏角と伏角を理科年表を用いて調べよ。

＜参考＞

式 (13.6) $B' = \dfrac{\mu_0 m}{2\pi}\dfrac{r}{\left[r^2 - \left(\frac{l}{2}\right)^2\right]^2}$ の導出

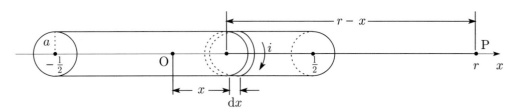

図 13.7　円柱状磁石が中心軸上につくる磁場

　磁石をその軸に垂直な面でごく薄い板状に分割すると，この板には環状の分子電流が流れている。したがって磁石を環状電流の流れるコイルの集まりとみなすことができる。いま図 13.7 のように，長さ l の磁石の中心を原点 O とする半径 a の円柱状磁石について，O から x の位置にある厚さ $\mathrm{d}x$ の円板状磁石によって

O から r だけ離れた軸上の点 P につくられる磁場 $\mathrm{d}B'(x)$ は，OP の方向をもち，大きさは

$$\mathrm{d}B'(x) = \frac{\mu_0 i \,\mathrm{d}x}{2} \frac{a^2}{[(r-x)^2 + a^2]^{3/2}} \tag{13.12}$$

ここで i は単位厚さあたりの分子電流である。したがって，磁石全体によって作られたる点 P での磁場 B' は方向が OP で，大きさは

$$B' = \int_{-\frac{l}{2}}^{\frac{l}{2}} \mathrm{d}B' = \frac{\mu_0 i a^2}{2} \int_{-\frac{l}{2}}^{+\frac{l}{2}} \frac{1}{[(r-x)^2 + a^2]^{3/2}}\mathrm{d}x \tag{13.13}$$

であり，$r - \dfrac{l}{2} \gg a$ とすれば

$$B' = \frac{\mu_0 m}{2\pi} \frac{r}{\left[r^2 - \left(\frac{l}{2}\right)^2\right]^2} \tag{13.14}$$

となる。ただし $m = \pi i a^2 l$(磁石の磁気モーメント) である (磁石が断面の辺の長さが a, b である角柱の場合は $m = iabl$ となる)。

実験 14.

Ewing の装置によるヤング率

14.1 目的

Ewing の装置により，棒の曲げからその物体のヤング率を求める。

14.2 理論

厚さ a，幅 b の角棒を間隔 l の支点でささえ，その中点に荷重を掛ける (図 14.1)。このときの中点の降下量を e，中点に掛けた錘の質量を M，重力加速度を g とすると，棒のヤング率 E は

$$E = \frac{l^3 Mg}{4a^3 be} \tag{14.1}$$

で与えられる (物理学の教科書を参照せよ)。

14.3 装置

Ewing の装置 (補助棒，試験棒，光のてこ，錘受けおよび錘)，尺度つき望遠鏡，巻尺，キャリパー (ノギス)，マイクロメータ，電子天秤

14.4 方法

1. 試料は 2 本あるが，1 本を試験棒，他方を補助棒として用いる。支台の上端の水平な 2 つのエッジ AC, BD 上に試験棒 AB，補助棒 CD を平行にのせる。AB の中点 O に光のてこの鏡の前脚を錘受けのエッジとともにおき，鏡の後の 2 脚を CD 上におく。

2. 2 m くらい離れた距離に尺度つき望遠鏡 (第 3 章 3.5 節参照) をおき，鏡で反射してできた尺度 (スケール) の像を望遠鏡で観測する。

3. 中点降下量 e の測定には光のてこを用い，正確を期するためと荷重の値の誤差の影響を少なくするために，次の要領で測定を行う。

   (a) あらかじめ掛ける錘の順番を決めておき，これらの錘の質量を測定しておく。

   (b) 補助の錘として 2 個を錘受けに掛ける。このときの荷重を m_0 ($= 0$ とおく)，望遠鏡中に現れた尺度の像 (読み) を n_0' とする。

   (c) さらに錘を 1 個掛けると棒は曲がり，中点は降下して鏡が傾く。その結果，望遠鏡中に別な尺度の像が現れる。このときの荷重を m_1，尺度の読みを n_1' とする。

   (d) さらに錘を 1 個ずつ増加したときの荷重をそれぞれ $m_2, \cdots, m_5$，尺度の読みをそれぞれ $n_2', \cdots, n_5'$ とする。

   (e) 錘をそのままにして再度読んだ目盛を n_5'' とし，次に錘を 1 個ずつ減少したときの読みを $n_4'', \cdots, n_0''$ とする。

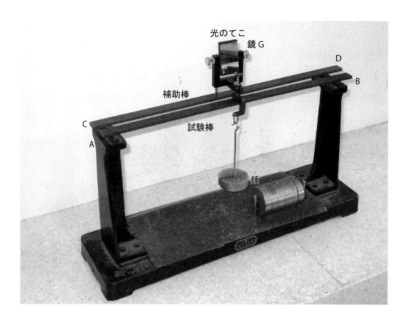

図 14.1　Ewing の装置と光のてこ

4. 鏡 G と尺度 S との距離 x を巻尺で 5 回測って平均する。
5. 支台エッジ AB 間の距離 l を測る (図 14.2(a))。

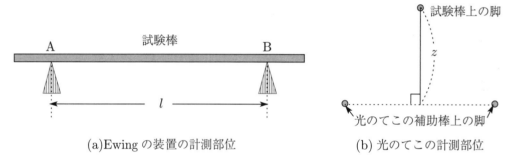

(a)Ewing の装置の計測部位　　　　　　(b) 光のてこの計測部位

図 14.2　使用する装置の計測部位

6. 光のてこの補助棒上の 2 脚を結ぶ線と試験棒上の脚との垂直距離 z を，ノートの紙面上に 3 脚の跡をとりキャリパーで測る (図 14.2(b))。
7. 試験棒の厚さ a の測定は結果に大きく影響するので，十分精密に測る。全長で 5 ヶ所選び各所 2 回ずつ，マイクロメータで測定し平均をとる。幅 b はキャリパーで測る。
8. 以上の測定結果を表 14.1〜14.3 のようにまとめる。

　$m_0 = 0$ としたので荷重に補助錘の質量は入っていないことに注意。表 14.3 より，3 つ分の錘の平均荷重変化 $\overline{M}$ に対する尺度の平均変位量 $\overline{N}$ がわかる。中点の降下量 e の平均は下式のように表せる (第 3 章 3.7 節

表 14.1　試験棒の大きさ a と b の測定

	1 回目	2 回目	3 回目	4 回目	5 回目	平均値	最大偏差
厚さ a [mm]							
偏差 $\Delta a = a - \overline{a}$ [mm]							
幅 b [mm]							
偏差 $\Delta b = b - \overline{b}$ [mm]							

表 14.2 装置の各距離の測定

	1 回目	2 回目	3 回目	4 回目	5 回目	平均値	最大偏差
支台エッジ AB 間の距離 l [cm]							
偏差 $\Delta l = l - \bar{l}$ [cm]							
鏡 G とスケール S 間の距離 x [cm]							
偏差 $\Delta x = x - \bar{x}$ [cm]							
光てこの 2 脚を結ぶ線と試験棒上の脚との距離 z [mm]							
偏差 $\Delta z = z - \bar{z}$ [mm]							

表 14.3 平均錘荷重変化 $M(= m_{i+3} - m_i)$ [g] に対応する望遠鏡スケール (尺度) の変位量 $N(= n_{i+3} - n_i)$ [mm] の測定

荷重 [g]	尺度 S の読み [mm]			荷重 [g]	尺度 S の読み [mm]			変位量 N [mm] $(= n_{i+3} - n_i)$	偏差 [mm]	荷重変化 M [g] $(= m_{i+3} - m_i)$	偏差 [g]
	増加	減少	平均		増加	減少	平均				
m_0	n_0'	n_0''	n_0	m_3	n_3'	n_3''	n_3				
m_1	n_1'	n_1''	n_1	m_4	n_4'	n_4''	n_4				
m_2	n_2'	n_2''	n_2	m_5	n_5'	n_5''	n_5				

$$\text{変位量の平均値 } \overline{N} = \qquad \text{[mm]}$$
$$\text{最大偏差 } |\Delta N|_{\max}(= |N - \overline{N}|_{\max}) = \qquad \text{[mm]}$$
$$\text{荷重変化の平均値 } \overline{M} = \qquad \text{[g]}$$
$$\text{最大偏差 } |\Delta M|_{\max}(= |M - \overline{M}|_{\max}) = \qquad \text{[g]}$$

参照)。

$$e = \frac{z\overline{N}}{2x} \, [\text{m}] \tag{14.2}$$

9. 以上の各測定値を式 (14.1) に入れることにより，ヤング率 E が求められる。このとき，表 14.1〜表 14.3 で得られた各長さや重さの平均値は $4.02\,\text{mm} = 4.02 \times 10^{-3}\,\text{m}$ や $205.6\,\text{cm} = 205.6 \times 10^{-2}\,\text{m}$ のようにその単位を必ず m, kg などの基本単位に直してから式中に代入すること。また，理論式より誤差の関係式を求めると

$$\Delta E \leqq \left(3\frac{|\Delta l|_{\max}}{l} + 3\frac{|\Delta a|_{\max}}{a} + \frac{|\Delta b|_{\max}}{b} + \frac{|\Delta e|_{\max}}{e} \right) \times E \tag{14.3}$$

$$\frac{|\Delta e|}{e} \leqq \frac{|\Delta z|_{\max}}{z} + \frac{|\Delta N|_{\max}}{N} + \frac{|\Delta x|_{\max}}{x} \tag{14.4}$$

の関係を得る。式中の max は maximum の意味である。錘の質量 M の誤差は省略したが，この影響は ΔN の値に現れるので，あえて ΔM をとり出さず，Δe の中に含まれていると考えているのである。

10. 以上の作成した表を汎用表計算ソフト EXCEL に入力し，ヤング率 E および誤差 ΔE を EXCEL で計算せよ。

11. 得られたヤング率はその誤差とともに次のように表す。

$$E \pm \Delta E \, [\text{Pa}] \tag{14.5}$$

具体的には E と ΔE との単位をそろえて，たとえば次のように書く。

$$(20.2 \pm 0.5) \times 10^{10}\,\text{Pa} \, (鋼)$$

14.5 実験上の注意

1. 実験に用いる試験棒は鉄，銅，真鍮のいずれかである。測定した試験棒についてはまず色などからその材質を考え，その後に担当教員に確認する。結果には試験棒の材料名を必ず付記する。

2. 望遠鏡の焦点は鏡に合わせるのでなく，その 2 倍の距離にある尺度に合わせるのであるから，電灯の照明も尺度の面にあてる。

3. ヤング率の単位は Pa(パスカル) であるが，これは圧力の単位と同じである。

$$1\,\mathrm{Pa} = 1\,\mathrm{N/m^2} \tag{14.6}$$

14.6 考察

得られた結果について以下の点を考慮して考察せよ。

1. 得られた値は理科年表の値と比較してどのようなものであったか。今回の測定で最も大きな誤差の要因となった測定値はどれだろうか。また，そのようになった原因は何か。測定装置の精度から考えて妥当な範囲にあるだろうか。

2. 式 (14.1) は光のてこの脚が試験棒の中点にあるときに成立する。実験はこのような状態で行ったといえるだろうか。

問 1 (a) ヤング率の誤差 ΔE に関して，式 (14.3) においては荷重の誤差 ΔM を明示的に含めない形で表したが，これを式中に含めた形で示せ。このときのヤング率の誤差を ΔE_+ で表すことにする。

 (b) 実験で得られた荷重の誤差 ΔM(荷重変化の最大偏差) を上で求めた式に代入し，このときのヤング率の誤差 ΔE_+ を求めよ。

 (c) ΔE と ΔE_+ とを比較し，ΔM の取り扱い方について考察せよ。

問 2 式 (14.1) は光のてこの脚が試験棒の中点にあるときに成立する。中点から大幅にずれると望遠鏡スケールの変位量 $N(= n_{i+3} - n_i)$ はどのようになるか，実際に実験で確かめてみよ。

実験 15.

顕微鏡による屈折率

15.1 目的

遊動顕微鏡 (尺度つき顕微鏡) を用いて，ガラスと水の屈折率を測定する。

15.2 理論

図 15.1 のように，空気に対する屈折率が n であるような物質の 1 点 A から出た光は，APQ，AOC，AP′Q′ のような経路をへて空気中にでる。AOC に近い光線 (すなわち r，i が小さいもの) だけを考えると，屈折の法則より

$$n = \frac{\sin i}{\sin r} \approx \frac{\tan i}{\tan r} = \frac{p/b}{p/a} = \frac{a}{b} \tag{15.1}$$

ただし，$p = \mathrm{OP}$，$a = \mathrm{OA}$，$b = \mathrm{OB}$ である。すなわち，物質層の厚さ a と，表面から A の虚像 B までの距離 b とを測定することにより，屈折率 n が求まる。

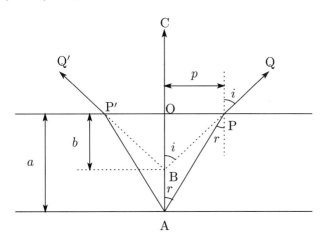

図 15.1　物質中での光の経路

15.3 装置

遊動顕微鏡，試料 (ガラス板, 水)，粉 (チョーク)，シャーレ

15.4 方法

1. 遊動顕微鏡を水準器 E によって水平におき，顕微鏡を垂直にする。接眼レンズを上下に動かして中の十字線がはっきり見えるように調整しておく。

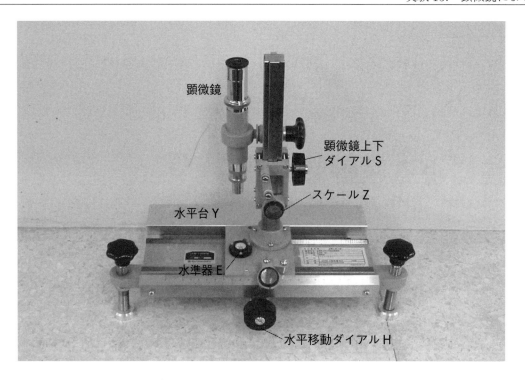

図 15.2 遊動顕微鏡

(a) 平行なガラス板の屈折率の測定方法

    i. 顕微鏡上下ダイアル S で顕微鏡を上下させて，水平台 Y 上のできるだけ浅い擦傷 (メッキの上についている傷のこと。わざと傷をつけてはいけない) に焦点を合わせ，水平移動ダイアル H で少し左右に動かして十字線の交点が微細な擦傷 (目印にするのではっきりしていなければならないが，外部から無理につけたような深いものは不可) に一致するような場所を探す。以後，H は動かす必要はない。

    ii. S を調節して十字線の交点の所の傷に正確に焦点を合わせる。そのときの顕微鏡の位置を，副尺を用いて 1/100 mm の精度までスケール Z で読む。この値を Z_a とする。

    iii. 顕微鏡のピントをはずし，再度合わせなおして位置を読む。

    iv. 同様のことを数回行って平均をとり $\overline{Z_a}$ とする。

    v. 次に，平行ガラス板を i 項で探した Y 上の傷の上におき，上に置いたガラスの上側の表面の傷が十字線の交点の所にくるようにする。このとき，ガラス上側の表面の傷が見えるように焦点を合わせるとともに，適宜ガラス板を移動させるとよい。ガラスの表面の傷が十字線の交点の所に来たらガラス板を固定する。(通常はそのままガラス板を触らないようにすればよい。)

    vi. ガラス板を通して見た Y 上の擦傷に焦点を合わせ，その時の位置を数回読む (Z_b)。平均をとって $\overline{Z_b}$ とする。

    vii. 次に，v. で合わせたガラスの表面の傷に再度焦点を合わせ，同様にしてその時の位置を数回読む (Z_0)。読み終わったら平均値 $\overline{Z_0}$ を求める (14.5 実験上の注意の 6 を参照せよ)。

    viii. これらの $\overline{Z_a}$, $\overline{Z_b}$, $\overline{Z_0}$ から屈折率

$$n = \frac{a}{b} = \frac{\overline{Z_0} - \overline{Z_a}}{\overline{Z_0} - \overline{Z_b}} \tag{15.2}$$

を求める。

(b) 水の屈折率の測定方法

    i. まずシャーレを空のまま水平台 Y にのせシャーレの底の微細な傷が十字線の交点にくるようにする。その傷に焦点を合わせて 1 (a) iii 項と同様に $\overline{Z_a}$ を求める。

    ii. つぎに，顕微鏡を引き上げておき，シャーレを動かさないようにして，その中に水を入れる (水道水

でよい。15.5 実験上の注意の 4 を参照せよ)。

 iii. 水を通してシャーレの底の同じ傷に焦点を合わせ $\overline{Z_b}$ を求める。

 iv. 最後に液体の表面に微細な粉 (チョーク) を浮かせ，それに焦点を合わせて $\overline{Z_0}$ を求める (15.5 実験上の注意の 6 を参照せよ)。

 v. 以上の値の平均値からガラスの場合と同様にして式 (15.2) より水の屈折率 n を求める。

2. 結果の整理

 (a) 測定結果は表 15.1 のような形でまとめる。このような表を汎用表計算ソフト EXCEL で作成し，式 (15.2) および次の式 (15.4) により屈折率 n およびその誤差 Δn を求める。

 Δn は以下のようにして求める。式 (15.2) の両辺の対数をとり，n を a と b の関数と考えて微分形で表すと

$$\frac{\Delta n}{n} = \frac{\Delta(Z_0 - Z_a)}{\overline{Z_0} - \overline{Z_a}} - \frac{\Delta(Z_0 - Z_b)}{\overline{Z_0} - \overline{Z_b}} \tag{15.3}$$

測定値より $|\Delta Z_0|_{\max}$，$|\Delta Z_a|_{\max}$，$|\Delta Z_b|_{\max}$ を求めると，上式から

$$\Delta n = n\left(\frac{|\Delta Z_0|_{\max} + |\Delta Z_a|_{\max}}{\overline{Z_0} - \overline{Z_a}} + \frac{|\Delta Z_0|_{\max} + |\Delta Z_b|_{\max}}{\overline{Z_0} - \overline{Z_b}}\right) \tag{15.4}$$

となる。ここでサフィックスの max は maximum の意味であり，各値の平均値からのずれが最も大きい値 (最大偏差) をあてる。

表 15.1 各焦点におけるスケールの読み

	1 回目	2 回目	3 回目	4 回目	5 回目	平均	最大偏差
Z_a							
ΔZ_a							
Z_b							
ΔZ_b							
Z_0							
ΔZ_0							

(単位: mm)

 (b) 得られた屈折率はその誤差とともに

$$n \pm \Delta n \tag{15.5}$$

のように書く。

15.5 実験上の注意

1. 顕微鏡の対物レンズを下の面にぶつけたり，水中に入れたりしないよう注意すること。

2. 一般に，人が入替わったり，左右の眼を取り替えたりすると焦点の位置が異なってくるので，それらを一緒にして平均をとってはいけない。1 つの眼ごとに n を求めて，その n について平均をとらなければならない。眼鏡をかけたりはずしたりしても同様である。

3. 水は蒸留水あるいは純水を用いることが望ましいが，水道水で代用する。

4. 試料の厚さは測定精度に影響するので，水の場合にはなるべく深くする。少なくとも，シャーレの半分以上は水を入れること。

5. 主尺の最小目盛が 0.5 mm であり，副尺は 0.5 mm を 50 等分したものであるから，顕微鏡の位置から $\frac{1}{100}$ mm まで測定できる。副尺の読み方を間違えないように。

6. 式 (15.2) 中の $\overline{Z_0} - \overline{Z_a}$ は測定に使ったガラスの厚さや水の深さになっている。したがって，この点を最初に確認しておくことで観測している像が正しいものか否かの判断ができる。

15.6 考察

得られた結果について以下の点を考慮して考察せよ。

1. 得られた値は理科年表の値と比較してどのようなものであったか。実験は誤りなく行えたといえるだろうか。誤差はどのようなところから生じたと考えられるだろうか。それは測定装置の精度から考えて妥当な範囲にあるだろうか。

2. 自分たちの測定で最も大きな誤差の要因となったものは何だろうか。またその理由は何か。測定方法に関係あるだろうか。

問 1 この実験では，単色光を用いるとさらに精度の高い屈折率の値が求まるか。

問 2 実験で得られた測定値を用いて絶対屈折率を求めよ。

問 3 水およびガラス中を伝播する光の速度を求めよ。

＜注意＞

- 屈折率 n は光の波長の違いによってわずかに異なってくる。また，実験は空気中で行うから，空気に対する屈折率を測定することになる。厳密には，光源として単色光を用い，さらに真空に対する屈折率 (絶対屈折率) に補正しなければならない。

＜参考＞

光が媒質 I から媒質 II へ進むとき，それぞれの媒質中での光の速さが c_{I} と c_{II} であるならば

$$n_{\mathrm{I}\to\mathrm{II}} = \frac{c_{\mathrm{I}}}{c_{\mathrm{II}}} = \frac{\sin i}{\sin r} \tag{15.6}$$

を媒質 I に対する媒質 II の屈折率という。ここで，i と r はそれぞれ媒質 I と媒質 II の境界面 B に対する光の媒質 I 側の角度と媒質 II 側の角度である。

また，屈折率の大きな物質から屈折率の小さな物質 (空気) へ光が進むとき，i が $\frac{\pi}{2}$ となる角度 r を臨界角といい，このとき光は両媒質の境界面 B 内を進む。このような反射を全反射という。

実験 16.

熱電対

16.1 目的

　代表的な熱電対 (ねつでんつい) の 1 つである K 熱電対 (クロメル-アルメル熱電対) の熱起電力を測定し，備えつけの熱起電力-温度曲線より与えられた物質の温度を求める。また物質の状態変化には潜熱を伴うことを観察して，与えられた物質の状態変化の起こる温度を測定し，融点を求める。

16.2 理論

1. 2 種類の金属 A および B を図 16.1 のように接続して作った回路で，両金属の接合点 J_1 および J_2 をそれぞれ異なる温度 θ_1 [°C] および θ_2 [°C] にすると，回路に起電力が生じ電流が流れる。これは Seebeck 効果 (ゼーベック効果) といわれる。

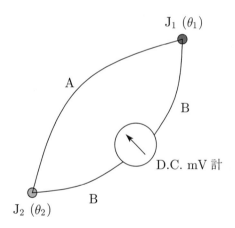

J_1 (θ_1)

A

B

D.C. mV 計

J_2 (θ_2)

B

図 16.1 　熱電対の原理

　このとき回路に生じる起電力 V は

$$V = (\mathrm{A}, \mathrm{B})_{\theta_1}^{\theta_2} \tag{16.1}$$

$$= (\alpha_\mathrm{A} - \alpha_\mathrm{B})(\theta_1 - \theta_2) + \frac{1}{2}(\beta_\mathrm{A} - \beta_\mathrm{B})(\theta_1{}^2 - \theta_2{}^2) \tag{16.2}$$

で与えられる。ここで $\alpha_\mathrm{A} - \alpha_\mathrm{B}$ および $\beta_\mathrm{A} - \beta_\mathrm{B}$ は A および B の金属の組合せで決まる定数である。この関係を用いて，たとえば θ_2 を基準 (0 °C) にして起電力 V を測定することにより θ_1 を求めることができる。

2. 物質の状態が変化するとき，潜熱の放出あるいは吸収が行われる。このような物質状態の変化を (1 次の) 相転移という。そのため一定の割合で物質を熱するか，あるいは冷却するときに，状態に変化があれば温度変化に異常がみられる。この温度を知ることにより，状態変化の起こる温度を知ることができる。

3. 物質が冷却するとき，その温度変化は Newton の冷却の法則で近似的に表される (後の問 2 参照)。

16.3 装置

K 熱電対 (クロメル-アルメル熱電対), デジタルボルトメータ, 電気炉, 断熱容器, るつぼ, ストップウォッチ, 氷, 金属試料 (Sn), スライダック

図 16.2　測定システム

16.4 方法

1. 0 °C を基準温度とするため, アイススライサーで細かく砕いた氷を断熱容器に入れ, この中に熱電対の零接点部を入れる。

2. 図 16.2 に測定システムを示す。配線は終了しており, 試料 (すず (Sn)：融点は理科年表で調べる) を入れたるつぼは電気炉内にある。熱電対を入れた保護管 (測温部) をふたの穴に通し, 保護管先端を試料表面に接触させる。

3. 次に加熱電圧 70 V で炉の温度を所定の温度 (280 °C) まで上げる。K 熱電対の熱起電力－温度曲線は, 実験台の上に置いてある。この温度で試料が融解していることを確かめてから, 保護管をるつぼ内の金属の中に入れ, 液の底までの深さの $\frac{2}{3}$ くらいまで入れて固定する。その際, 保護管とるつぼの底または壁が触れないように, また, 熱電対の接点が保護管の内壁に接触するように注意する。溶融金属の深さは 30 mm 程度あることが望ましい。

4. 炉の加熱電圧を 0 V に戻し, 上部のふたを少し開けた状態で, 電圧計で熱電対の起電力 V_E を 1 分間隔で読む。このとき同時に基準温度も読む。測定は 200 °C 程度まで行う。

5. ふたを閉じてふたたび電圧 50 V で加熱し, 4 と同様に 1 分間隔で電圧計を読む。温度は 280 °C 程度まで測定する。昇温過程においても基準温度を読むこと。測定終了後, 炉の加熱電圧を 0 V に戻し, 熱電対をるつぼから取り出す。

6. 熱電対の起電力を温度に換算し, これに基準温度の補正を加えて, 試料の温度の時間変化をグラフに表す。測定した起電力 V_E の温度 T への換算には以下の K 熱電対の熱起電力-温度補間式 (16.3) により汎用表計算ソフト EXCEL を用いて求める。ここで V_E と T の単位はそれぞれ μV と °C であり, 補間式の有効温度範

囲は $100 < T < 300\,°\mathrm{C}$ である。

$$T = -25.59 + 0.049303 V_\mathrm{E} - 9.5068 \times 10^{-06} V_\mathrm{E}{}^2 + 1.8425 \times 10^{-09} V_\mathrm{E}{}^3 - 1.9678 \times 10^{-13} V_\mathrm{E}{}^4$$
$$+ 1.1798 \times 10^{-17} V_\mathrm{E}{}^5 - 3.737 \times 10^{-22} V_\mathrm{E}{}^6 + 4.8756 \times 10^{-27} V_\mathrm{E}{}^7 \tag{16.3}$$

具体的な EXCEL を用いた算出方法は以下のようにする。

(a) EXCEL を起動する。

(b) A の列に観測時間 (分単位) を入力する。

(c) B の列に測定した起電力 (mV 単位) を入力する。

(d) C1 のセルをマウスでクリックし，そこに "=B1*1000" と書き込む。これで C1 セルには μV 単位の起電力が表示される。

(e) C1 セルの内容を起電力を入力している B 列と同じ C 列の行までコピーする。

(f) D1 セルに上式を書き込む。書き込み方は

$$= -25.59 + 0.049303*\mathrm{C}1 - 9.5068\mathrm{E} - 06*\mathrm{C}1\text{^}2 + \cdots$$

のように行う。

(g) D1 セルの内容を起電力が表示されている C 列と同じ D 列の行までコピーする。

(h) 以上の作業により，B 列に測定した起電力 (mV 単位)，D 列にその温度 ($°\mathrm{C}$ 単位) が得られる。

7. 横軸を観測時間，縦軸を測定温度とする冷却曲線および加熱曲線を作成する。

8. 得られた冷却曲線から，与えられた物質の融点を決定する。

16.5 実験上の注意

1. $0\,°\mathrm{C}$ は氷と水が 1 気圧の下で平衡状態を保つときに実現される。したがって，真に $0\,°\mathrm{C}$ を実現することは非常に難しい。

2. $0\,°\mathrm{C}$ の基準温度は実験中，変動が大きくならないよう安定に保つように注意する。$0\,°\mathrm{C}$ に近づけるためには細かく砕いた氷を水で湿らせる程度にして断熱容器の中に入れ，それが平衡状態になるまで少し待ってから測定を開始する。

3. 熱電対の抵抗を R，デジタルボルトメータの内部抵抗を r とすると，デジタルボルトメータの指示電圧とクロメル-アルメルの熱起電力-温度曲線より求めた温度 θ_meter と真の温度 θ_true との間に $\theta_\mathrm{true} = \dfrac{r+R}{r}\theta_\mathrm{meter} = \left(1 + \dfrac{R}{r}\right)\theta_\mathrm{meter}$ の関係がある。なお，本実験のデジタルボルトメータの内部抵抗は $1\,\mathrm{G}\Omega$ 程度である。また，クロメルとアルメルの電気抵抗率はそれぞれ，$43.8\,\mu\Omega\cdot\mathrm{cm}$，$79.3\,\mu\Omega\cdot\mathrm{cm}$，熱電対の長さはそれぞれ 1 m，断面積は $0.08\,\mathrm{mm}^2$ である。

4. 冷却過程での測定では，いったん測定温度が融点 (この場合は凝固点) よりも下がった後に温度が若干上昇して一定になる場合がある。このような現象を過冷却という (図 16.3)。過冷却を防ぐには，凝固点付近になったとき，その試料の粉末を微量投入すればよい (ただし，本実験ではそこまでは行わない)。

5. 熱電対の接点が切断することがあるので，デジタルボルトメータの値が変化しないときは申し出ること。

16.6 考察

得られた結果について以下のような点を考慮して考察せよ。

1. 得られた値は理科年表の値と比較してどのようなものであったか。理科年表の値とのずれはどのようなところから生じたと考えられるだろうか。それは妥当なものだろうか。

2. 状態変化をしていると考えられる明瞭な温度一定の部分は得られただろうか。もし得られていない場合，その理由か何か。

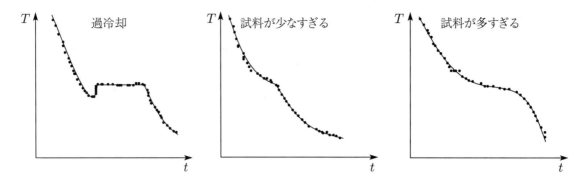

図 16.3 冷却過程で見られる試料の温度変化

3. 加熱過程と冷却過程の結果は一致しただろうか。もし一致していなければ，その原因は何か。

問 1 16.5 の 3 を考慮すると，デジタルボルトメータの内部抵抗は温度の何桁目に影響すると考えられるか？

問 2 冷却曲線が Newton 冷却の法則 (物体の冷却速度は周囲との温度差に比例する) に従うとしたとき，周囲の温度を T_{bath}，比例定数を $\alpha(>0)$ として，物体の温度 T と時間 t との関係を示す式を導け。ただし物体の最初の温度を $T_0(>T_{\text{bath}})$ とする。また，その式を説明せよ。たとえば，$t=0$, $t=t$, $t\to\infty$ ではどのようになっているか (下の「数学の基礎」参照)。

問 3 熱電対の零接点の温度が 0 ℃ から 1 ℃ ずれると，測定温度はどの程度影響を受けるか？

自由研究 相転移，一次相転移，潜熱について調べよ。

数学の基礎 変数分離型微分方程式 $\dfrac{\mathrm{d}y}{\mathrm{d}x} = -\alpha y$ の解法
[解法例]

$$\frac{\mathrm{d}y}{\mathrm{d}x} = -\alpha y \tag{16.4}$$

の両辺を y で割って

$$\frac{1}{y}\frac{\mathrm{d}y}{\mathrm{d}x} = -\alpha \tag{16.5}$$

のように書き換え，両辺を x で積分すると

$$\int \frac{1}{y}\frac{\mathrm{d}y}{\mathrm{d}x}\mathrm{d}x = \int (-\alpha)\mathrm{d}x \tag{16.6}$$

$$\int \frac{1}{y}\mathrm{d}y = -\alpha \int \mathrm{d}x \tag{16.7}$$

$$\ln|y| = -\alpha x + C \quad (C \text{ は積分定数}) \tag{16.8}$$

$$y = \pm\exp(-\alpha x + C). \tag{16.9}$$

ゆえに一般解は

$$y = C'\exp(-\alpha x) \tag{16.10}$$

と表せる。ここで C' は

$$C' = \pm\exp C \tag{16.11}$$

であり，この定数 C' は初期条件などで決めなければならない。

実験 17.

放射線の吸収

17.1 目的

GM 管 (ガイガー・ミュラー計数管) を用いて β 線に対する Al 板の吸収特性を調べる。

17.2 理論

　放射線とは，物質を電離する能力をもつ高エネルギーの物質粒子線や電磁波のことをいう。放射性元素の壊変に伴って放射される粒子線としては代表的なものに α 線や β 線があり，電磁放射線では X 線や γ 線がある。また，これらと同程度以上のエネルギーをもつ核反応や素粒子の相互転換で放出された粒子線，あるいは宇宙線なども放射線に含まれる。本実験では放射線として β 線を用いる。

　放射線の検出器には種々のものがあるが，ここでは便利で手軽なことから最も広く使われている GM 管を用いる。GM 管は円筒形の金属の中心に細い金属線が張られた構造となっており，窓には低いエネルギーの放射線も通りやすいようにうすい雲母板が用いられる。また，管内には低圧ガス (通常はアルゴンなどの不活性ガスおよび少量のハロゲン) が封入されており，中心線を陽極，円筒形金属を陰極としてこれらの間に直流高電圧が印加されるようになっている。管内に放射線が入射すると，そのエネルギーによって管内ガスはイオン化され，陽イオンと電子の対が発生する。GM 管への印加電圧を V，中心線および金属円筒の半径をそれぞれ a および b とすると，中心線から半径 r の距離 $(a < r < b)$ での電場の強さ

$$E(r) = \frac{V}{r \log(b/a)} \tag{17.1}$$

で与えられるので，陽極近くの電場は非常に強くなる。このため，管内で生じたイオン対のうち電子は陽極近くで加速され，新たなイオン対を生じさせ得るエネルギーをもつようになる。この加速電子はガスとの衝突によってさらに電子を生じさせ，このような過程が次々と生じ，いわゆる電子雪崩 (electron avalanche) が起きる。このようにして 1 個の入射した放射線に付随して増殖した電子が一時に陽極に流れ込むため，陽極には電流の脈動 (パルス) が生じる。この電流が抵抗を通るとき抵抗の両端に電圧の脈動を生じるので，これを電子回路で増幅して計数すれば入射した放射線を検知できる。なお，放射線が一度計数されたあと，管内のイオンや電子が全部取り除かれて計数管が元の状態に戻らなければ次に入射した放射線は検知できない。

　GM 管を通して測定される計数は，線源の強さが一定でも GM 管への印加電圧によって変化する。したがって，測定される計数がその付近であまり変化しない電圧を GM 管に印加することが求められる。線源の強さを一定にした場合の，GM 管印加電圧 V と単位時間あたりの計数 (計数率)I との関係は一般に図 17.1 に示すような傾向をもつ。図中の V_c を始動電圧 (starting voltage)，V_A を開始電圧 (threshold voltage) といい，計数率のほぼ一定な領域 AB をプラトー (Plateau) と呼ぶ。

　β 壊変で放出される β 線のエネルギーは，図 17.2 に示すように 0 からその線源の種類によって定まる最大値 $E_{\max}$ まで連続分布をもっている。β 線源と GM 管との間に吸収体をおき，その厚さ x と計数率 I との関係を片対数方眼紙に描くと図 17.3 のようになる。線源の種類にもよるが，計数率 I は吸収体のある厚さ R まではほとんど直線的に減少 (これは β 線のエネルギーが連続分布をもつことによる偶然的な結果であるといわれている)，R

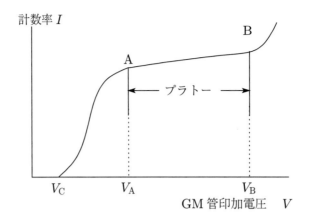

図 17.1　GM 計数管の計数率-印加電圧特性

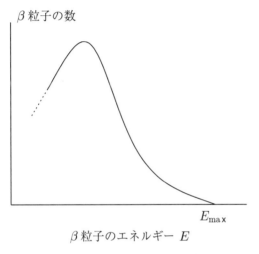

図 17.2　β 線源のエネルギー分布の例

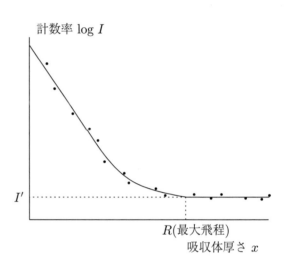

図 17.3　β 線の吸収体厚さに対する計数率

以上の厚さでは一定値 I' となる。この R は最大飛程と呼ばれ，最大飛程と直線の傾きは線源の種類 (最大エネルギー) によって異なる。線源に γ 線が含まれていない場合には I' は自然計数 (率)(バックグラウンド) となる。また，吸収曲線の形は吸収体の厚さを g/cm^2(または mg/cm^2) で表すと物質の種類にはあまり依存しない。したがって，吸収体の厚さを表すのに，一般には物質の種類にかかわらず g/cm^2 (または mg/cm^2) が用いられている。

17.3　装置

　GM 管スケーラ (タイマつき)，GM 管プローブ (GM 管つき)，測定台，放射線源，吸収板セット

17.3.1　測定装置

　測定装置は図 17.4 に概略を示すように，GM 管スケーラ (タイマつき)，GM 管プローブ (GM 管つき) および測定台より構成されている。

　GM 管スケーラは，GM 管に直流高電圧を印加するとともに，GM 管で検出した放射線の計数を行うものであり，前面操作つまみなどは図 17.5 のようになっている。

　GM 管印加電圧は高圧モニタ HV(②) に表示されるが，これは高圧可変ダイヤル HV ADJ(③) によって調整される。

- 入力切り換えスイッチ TEST–PHS IN–GM–SCINT(④) は GM の位置で用いる。
- ディスクリレベル調整用ボリューム DISCR(⑤) は調整しない。

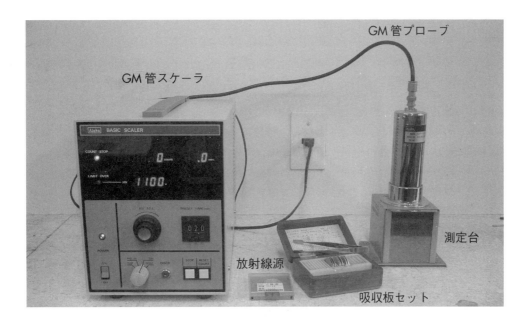

図 17.4　放射線測定装置の外観

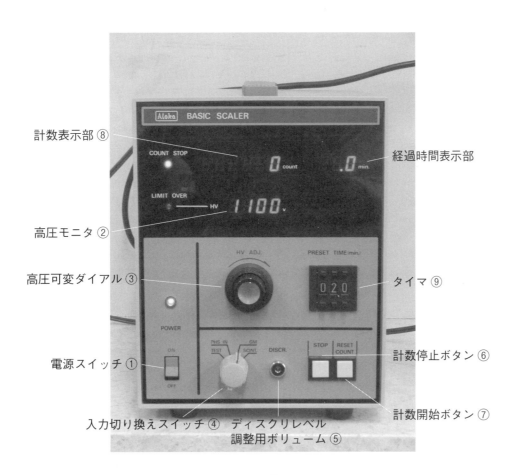

図 17.5　GM 管スケーラ

- 計数開始ボタン RESET COUNT(⑦) を押すと，計数表示部 (⑧) が 0 に戻って計数が始まり，タイマ PRESET TIME(⑨) で設定した時間がくると自動的に止まる。
- タイマを用いるときには計数停止ボタン STOP(⑥) は使わなくてもよい。

図 17.4 の右にあるのが GM 管プローブおよび測定台である。GM 管はプローブ内にあらかじめ挿入されており，また GM 管プローブも測定台にセットされている。吸収板受けは測定台最上段におく (図 17.6)。また，試料 (線源) 皿受けは GM 管との距離を 6 段階まで変えられるようになっている。測定時には前蓋を閉めておく。

タイマ (⑨) は設定時間表示が 3 桁となっており，表示切替ボタンの ＋，− を押すと 1 ずつ表示が増減する。表示時間の単位は分 (min.) であり，3 桁のうち左側の 2 桁を用いて設定する。左から 3 番目の桁 (一番右側の桁) は小数点以下を表す。(左から 2 桁目と 3 桁目との間に白い点が見えるが，これが小数点を表している。) 目安ではあるが，経過時間が経過時間表示部に表示される。

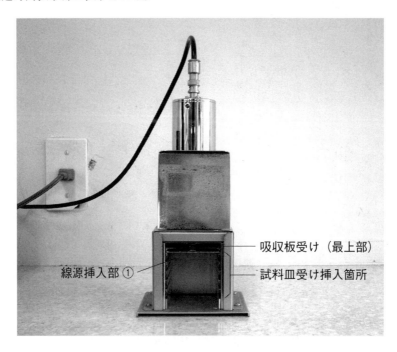

図 17.6　GM 管と測定台

17.3.2　線源

今回用いるのは β 線源の ^{204}Tl (タリウム 204) であり，強さは 3.70 kBq (0.1μCi) である。この線源は密封構造となっており，線源には Al 箔が貼られ，また β 線が上面以外に放射されないように側面および裏面はシールドされている。

なお，上に出てきた放射能の単位 Bq(ベクレル) は，放射性元素が 1 秒間に 1 回の割合で壊変する量，すなわち 1 dps(disintegration per second) を表し，Ci(キュリー) は 1 秒あたり $3.7×10^{10}$ 個の割合で壊変する量を表す。したがって，Ci と Bq との間には，$1\,\mathrm{Ci}=3.7×10^{10}\,\mathrm{Bq}$ の関係がある (SI では Bq を使うことになっている)。

17.4　方法

1. 準備

GM 管スケーラの電源を投入し，入力切り換えスイッチ (④) を GM 管にしておく。

以下の測定では，1 分間または 2 分間の計数を行うが，平均値 I' は計数率に換算し，cps (counts per second) の単位で表現すること。なお，cps は 1 秒あたりのカウント数である。すなわち，1 分間 (60 秒間) 計数した場合には得られた値を 60，2 分間計測の場合には 120 で割らないといけない。

2. 自然計数 (バックグラウンド)

線源以外の放射線 (宇宙線によるもの, 地中, 建物構造物中, 空気中, あるいは測定器系に含まれる放射性元素によるもの) の強さを知るため, 実験開始時と終了時に 2 分間の計測を 5 回を行う。

このとき, GM 管印加電圧は 1100 V とし, 測定台には何も入れない。

3. Al 板の吸収特性

(a) 測定台中で, Al 板を GM 管の一番近い位置に, 線源をその下の ① の位置に挿入し, GM 管印加電圧は 1100 V に設定する。線源を挿入する際には表裏に注意すること。

(b) Al 板は No.8 から No.15 まで用いるが, 測定時間は No.8〜No.12 は 1 分間, No.13〜No.15 は 2 分間とし, 測定回数は各厚さとも 5 回とする。使用する Al 吸収板の厚さを表 17.1 に示す。Al 吸収板の番号を確かめて間違いのないようにせよ。

表 17.1　実験で使用する Al 吸収板の厚さ

吸収板番号	Aloka 吸収板セット model AB-1	理研計器吸収板セット		
		器械番号 877	器械番号 640	器械番号 636
No. 8	78.1	76.26	80.77	80.74
No. 9	109	108.29	106.41	105.40
No.10	130	135.43	134.27	133.89
No.11	164	165.93	163.43	162.91
No.12	214	213.43	218.56	219.26
No.13	271	275.67	263.00	262.64
No.14	410	401.14	401.10	401.61
No.15	545	542.31	545.36	545.41

Al 吸収板の厚さの単位は $\mathrm{mg/cm^2}$ である。

4. 結果の整理

(a) GM 管の不感時間による数え落しの補正

GM 管が一度計数を行ったのち, 計数管の中のイオンや電子が全部取り除かれて元の状態に戻り, 新たに計数動作をはじめるまでに多少時間がかかる。これを不感時間 (Dead time t_D) といい, $100\,\mu\mathrm{s}$ 程度である。計数率が高くなると, この t_D 内に入射して計数されない粒子の数が増えてくる。これを数え落しといい, 次のように補正される。

測定された計数率を I' [cps] とし, 1 秒間について考えるとこの間の延べ不感時間は, $I' \cdot t_\mathrm{D}$ となる。実際の計数率を I [cps] とすると, 1 秒間の間に数え落とされた数は

$$(I - I')\,[\mathrm{cps}] \times 1\,[\mathrm{s}] = I \times I' \cdot t_\mathrm{D}\,[\mathrm{counts}] \tag{17.2}$$

となるから真の計数率 I は

$$I = \frac{I'}{1 - I' \cdot t_\mathrm{D}}\,[\mathrm{cps}] \tag{17.3}$$

で表される。

Al 板 No.8〜No.12 の測定値において, t_D を $100\,\mu\mathrm{s}$ として数え落しの補正を行う。

(b) Al 板吸収特性曲線の作成

この曲線は図 17.3 に示したように, 横軸 (普通目盛) に Al 板の厚さ x [mg/cm²], 縦軸 (対数目盛) に計数率 I [cps] をとってプロットする。なお, β 線は Al 板以外に GM 管窓, 空気層および線源窓によっても吸収され, 厳密にいえばこれらの吸収厚さを補正しなければならない。しかしながら, これらの厚さは

GM 管窓 (雲母板)	1.9　mg/cm^2
空気層 (厚さ 1cm 当り)	1.18 mg/cm^2
線源窓 (Al)	4.3　mg/cm^2
合計	7.3　mg/cm^2

と比較的小さいので，ここでは補正を行わない。

17.5　実験上の注意

1. GM 管スケーラの HV ADJ(③) のダイヤルは非常にデリケートであり，実際の電圧と表示値がずれやすいので静かにゆっくりと回すこと，特に 0 に戻すとき (0 ではなく 0.05 位で止めておくようにする) は気を付けること。
2. GM 管が使用不能になる恐れがあるので，GM 管印加電圧は 1275 V 以上には決して上げないこと。
3. β 線源は放射性物質 (^{204}Tl) が密封された状態になっており，薄いアルミ箔部分から β 線が放出される。したがって，このアルミ部分を故意に傷つけると ^{204}Tl が外部に漏洩し周囲が汚染される危険性がある。線源の取り扱いには十分注意し，このような汚染のないようにする。
4. 線源をケースから試料皿受けに移すときは (線源は裏側がケースの上面になるように入っている)，試料皿受けを裏返しにし，線源が試料皿受けのくぼみにちょうど納まるような位置に合わせてひっくり返す。線源をケースに戻すときはケースを裏返しにして同様な操作を行う。この操作は，線源を決して落としたりすることのないように極めて慎重に行うこと。

17.6　考察

得られた結果について以下の点を考慮して考察せよ。

1. 同一条件での計数にばらつきはどれほどあっただろうか。最大値，最小値および平均値をみればばらつきがわかる。大きなばらつきがあった場合，その原因は何だろうか。
2. 得られた特性曲線から最大飛程 R はいくらと見積もることができるだろうか。

問 1 最大飛程とはどのようなものであるか述べよ (放射線を遮蔽する点から考えてみるとよい)。
問 2 遮蔽効果と費用の点から，吸収体としてどのような物質がよいか考えよ。

実験 18.

等電位線

18.1 目的

導体紙上の同じ電位の点を検流計を用いて検出し，これらの点を結ぶことにより等電位線を描く。さらに等電位線に垂直な電気力線もあわせて描く。

18.2 理論

導体に定常電流が流れるとき，導体内には時間変化しない電場 (静電場) が生じる。このとき，電流が流れる方向が電場の方向であり，このような電場を表すのが電気力線である。電気力線に垂直な方向には電流は流れず，このような点の間には電位差はない。これらの点を結ぶ線が等電位線である。

18.2.1 電場

電気力 $\boldsymbol{F}$ は大きさと方向をもつベクトルで表される　$\Longrightarrow$　電場 $\boldsymbol{E}$ もベクトルで表される

これをクーロンの法則で見ると

$$\boldsymbol{F} = \frac{1}{4\pi\epsilon_0}\frac{qq'}{r^2}\frac{\boldsymbol{r}}{r} \Longrightarrow \boldsymbol{E} = \frac{1}{4\pi\epsilon_0}\frac{q'}{r^2}\frac{\boldsymbol{r}}{r} \tag{18.1}$$

$$\boldsymbol{F} = q'\boldsymbol{E} \tag{18.2}$$

この式では電荷 q のまわりに電場 $\boldsymbol{E}$ ができ，q の位置から r のところに電荷 q' があるときこの電荷 q' が電荷 q のつくる電場 $\boldsymbol{E}$ から力を受けるということを表している。

この場合のように，電荷 q が空間中に静止しているときには，電場 $\boldsymbol{E}$ も時間的に変化しない。このような電場を特に**静電場**という。

電場の記述方法

電場はベクトル場なので，電場内の各点に矢印を描くことができる　$\cdots$　煩雑で面倒

$\qquad\qquad \Downarrow$

「電気力線」を用いる。

線上の各点で引いた接線がその点における電場ベクトルの方向に一致するような曲線

1. 電気力線は正の電荷から発して，負の電荷で終わる。
2. 電気力線は途中で切れたり，電荷以外のところで交差したり枝分かれすることはない。
3. 正 (負) の電荷が 1 個のみの電気力線は，電荷 (無限遠) から発して無限遠 (電荷) で終わる。

電場の単位

上式から [N/C] となるが，電圧の単位 [V = J/C] を用いて

$$\left[\frac{N}{C}\right] = \left[\frac{N \cdot m}{C \cdot m}\right] = \left[\frac{J}{C \cdot m}\right] = \left[\frac{V}{m}\right] \tag{18.3}$$

が利用される。

18.2.2   電位 (静電位，静電ポテンシャル)

電荷 q が電場 (ベクトル)$\boldsymbol{E}$ の中にあるときに $\boldsymbol{E}$ から受ける力を $\boldsymbol{F}$ とすると

$$\boldsymbol{E}(\boldsymbol{r}) = \frac{1}{q}\boldsymbol{F}(\boldsymbol{r}) \tag{18.4}$$

の関係がある。$\boldsymbol{F}$ は保存力であり，ポテンシャル U が存在する。

$$\boldsymbol{F}(\boldsymbol{r}) = -\nabla U(\boldsymbol{r}) \tag{18.5}$$

式 (18.4) と式 (18.5) から静電ポテンシャル V が定義される。

$$V(\boldsymbol{r}) = \frac{1}{q}U(\boldsymbol{r}) \tag{18.6}$$

以上の式から $\boldsymbol{E}$ は静電ポテンシャル V により

$$\boldsymbol{E}(\boldsymbol{r}) = -\nabla V(\boldsymbol{r}) = -\mathrm{grad}\, V(\boldsymbol{r}) \tag{18.7}$$

$$E_x = -\frac{\partial V}{\partial x},\, E_y = -\frac{\partial V}{\partial y},\, E_z = -\frac{\partial V}{\partial z} \tag{18.8}$$

のように与えられる。いま単位正電荷が力 $\boldsymbol{F}$ により点 A から点 B の間にされる仕事は

$$\int_{\mathrm{A}}^{\mathrm{B}} \boldsymbol{F} \cdot \mathrm{d}\boldsymbol{s} = \int_{\mathrm{A}}^{\mathrm{B}} \boldsymbol{E} \cdot \mathrm{d}\boldsymbol{s} \tag{18.9}$$

となる。$\boldsymbol{F}$ とポテンシャル U の関係から

$$\int_{\mathrm{A}}^{\mathrm{B}} \boldsymbol{F} \cdot \mathrm{d}\boldsymbol{s} = U(\boldsymbol{r}_{\mathrm{A}}) - U(\boldsymbol{r}_{\mathrm{B}}) = V(\boldsymbol{r}_{\mathrm{A}}) - V(\boldsymbol{r}_{\mathrm{B}}) \tag{18.10}$$

$$\int_{\mathrm{A}}^{\mathrm{B}} \boldsymbol{E} \cdot \mathrm{d}\boldsymbol{s} = V(\boldsymbol{r}_{\mathrm{A}}) - V(\boldsymbol{r}_{\mathrm{B}}) \tag{18.11}$$

が得られる。ここで 2 点 A と B は極めて近い距離にあるとすると

$$\overrightarrow{\mathrm{AB}} = \delta\boldsymbol{s} \tag{18.12}$$

のように近似できる。したがって

$$\int_{\mathrm{A}}^{\mathrm{B}} \boldsymbol{E} \cdot \mathrm{d}\boldsymbol{s} = \boldsymbol{E} \cdot \delta\boldsymbol{s} = V(\boldsymbol{r}_{\mathrm{A}}) - V(\boldsymbol{r}_{\mathrm{B}}) \tag{18.13}$$

点 A と B として等電位 ($V(\boldsymbol{r}_{\mathrm{A}}) = V(\boldsymbol{r}_{\mathrm{B}})$) となる点を選ぶと

$$\boldsymbol{E} \cdot \delta\boldsymbol{s} = 0 \tag{18.14}$$

のようになる。電位が等しい点が作る面 (線) を**等電位面 (線)** といい，電場 $\boldsymbol{E}$ は上式から常に等電位面 (線) に垂直になっている。ここで等電位面 (線) に垂直でその接線方向が $\boldsymbol{E}$ の方向と一致するような 1 本の線を考えるとき，この線を**電気力線**という。

<電気力線の性質>

1. 電場ベクトル (電気力線) は等電位面に垂直である。
2. 電場ベクトルは電位の減少する方向に向く。

電位の単位 ··· V(ボルト)

$$[\mathrm{V}] = \left[\frac{\mathrm{J}}{\mathrm{C}}\right] = \left[\frac{\mathrm{N \cdot m}}{\mathrm{C}}\right] \tag{18.15}$$

18.3 装置

等電位実験器, テスター, 検流計, 電池, 探針, 導体紙

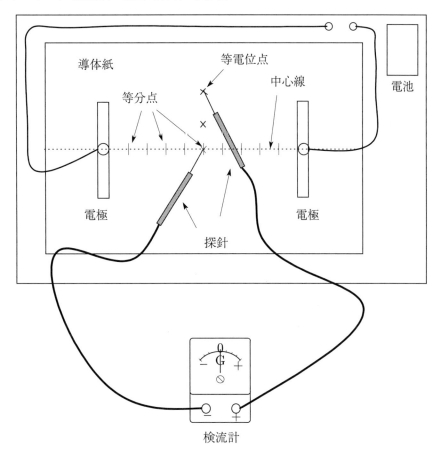

図 18.1 測定システムの概略図

18.4 方法

1. 図 18.1 に等電位線の測定システムを示す。配線は終了している。
2. 点電極と平行電極の両方について測定を行う。図 18.1 の電極をひっくり返すと平行電極から点電極になる。
3. 導体紙を実験器上にしわのないようにおき, ゴム磁石シートで固定する。
4. 導体紙に目印となるように中心線を引く。あらかじめ引いておいてもよい。
5. 導体紙上に電極をおく位置を決めて電極を置く場所をかたどるとともに, その間の中心線上に定規を使って等間隔 (10 等分くらい) となる印をつける。ペイントで印をつけるとその上では通電しないので注意する。電極間の間隔は 15 cm 位にするとよい。なお, 本来は電極間の電位が等間隔となるように印をつけるべきであるが, ここでは便宜上, 電極間の電位ではなく距離が等間隔となるように印をつける。

6. 中心線上に印をつけた点 (等分点) の 1 つを基準としてそこに検流計の探針の 1 つを当てる。次に，それと等電位になる点 (等電位点) を，もう 1 つの探針を用いて調べる。等電位である 2 点間の電位差は 0 なので，この 2 点に検流計の探針を当てると検流計の指針は 0 を示す。

7. 基準とした探針は固定したままで，もう 1 つの探針の位置を変え，基準とした等分点と等電位になる点を次々に探す。

8. 等電位となった点をなめらかな曲線で結んで等電位線を描く。等電位線は電極の外側にも描く。

9. 基準とした探針の位置を次の等分点に移し，上の作業を繰り返して次々に等電位線を描く。描く等電位線は最低 7, 8 本である。上の手順 5 で 10 等分したなら 9 本になる。

10. 描いた等電位線に対して直交する線 (電気力線) を同様の本数描く。

11. 実験が終了したならば，検流計の端子を最初のように短絡線でショートし，他の端子は全てはずしておく。また，電極同士をくっつけないこと。

18.5　実験上の注意

1. 検流計は長時間通電すると内部の抵抗が切れてしまうので，検流計の針が大きく振れないように点を探すことを心掛ける。

2. 探針を導体紙に強く押し当てると，導体紙が破れる恐れがあるので，このようなことにならないように注意する。

18.6　考察

得られた結果について以下の点を考慮して考察せよ。

1. 電極が点電極のときと平行電極のときとでは，等電位線にどのような違いが生じただろうか。同様に，電気力線はどうだったか。

2. 電極間の間隔を変えると等電位線はどのようになるだろうか。同様に電気力線の場合はどうか。

3. 導体紙の端 (縁) の方では等電位線と電気力線はそれぞれどのようになっていただろうか。その結果から端は等電位線および電気力線にどのような影響を与えると考えられるだろうか。

実験 19.

比電荷

19.1　目的

　ヘルムホルツコイルを用いた e/m 測定実験装置で電子の比電荷 e/m を求める。

19.2　理論

　磁束密度 $\boldsymbol{B}$ の一様な磁場中に電荷 q の粒子が速度 $\boldsymbol{v}$ で入ると，電荷はその瞬間の運動方向と磁場の方向の両者に直角な方向に，いわゆるローレンツ力 (Lorentz's force) をうける。ローレンツ力を $\boldsymbol{F}$ とすると，

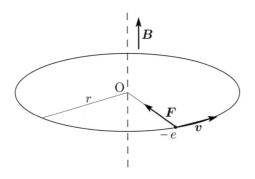

図 19.1　磁場中での電子の運動の様子

$$\boldsymbol{F} = q\boldsymbol{v} \times \boldsymbol{B} \tag{19.1}$$

電子が図 19.1 のような，磁場に直角な平面内で運動するとき，その軌道は円である (電子の電荷は $-e$ であることに注意せよ)。すなわち，ローレンツ力が向心力となって電子は等速円運動をする。電子の質量，速さ，電荷，軌道半径をそれぞれ m, v, e, r で表すと

$$m\frac{v^2}{r} = evB \tag{19.2}$$

それゆえ

$$\frac{e}{m} = \frac{v}{Br} \tag{19.3}$$

電子銃から出た電子の速さ v を，電子に加えた電圧を V とすると電子のもつ運動エネルギーと電圧との間には

$$eV = \frac{1}{2}mv^2 \tag{19.4}$$

の関係がある。式 (19.3) と式 (19.4) から v を消去すると

$$\frac{e}{m} = \frac{2V}{B^2 r^2} \tag{19.5}$$

が得られる。

19.3　装置

e/m 測定実験器

19.4　方法

　この実験は V，B，r を測定して式 (19.5) から比電荷を求めるのであるが，データをとる前に必ず次の **1.** と **2.** の実験を行い，定性的な測定を試みたあとで **3.** の測定をして式 (19.5) から e/m を得る。

1. 電子の軌道の観察

　使用する e/m 測定実験器を図 19.2 に示す。これは e/m 測定管球，ヘルムホルツコイル，電圧計，電流計および電源回路からなる。装置前面の電圧計は e/m 測定管球中で発生した電子の加速電圧，電流計はヘルムホルツコイルに流れる電流を示している。電源スイッチを入れると管球内にある電子銃のヒータが点火する。その後加速電圧可変ダイアルにより電子銃のヒーター–プレート端子間に DC 150～300 V の範囲で加速電圧をかける。陰極 (ヒータ) から出た電子はこの電圧により加速され，陽極 (プレート) の中心にあけられた小さな穴から一定の速さで鉛直上方向へ打ち出される。管球内には稀薄なヘリウムガスが封入されており，電子の通路はヘリウム原子との衝突によって明るく光る。加速電圧を変えて電子の速さを変化させると，それにつれて軌道の明るさも変化する。

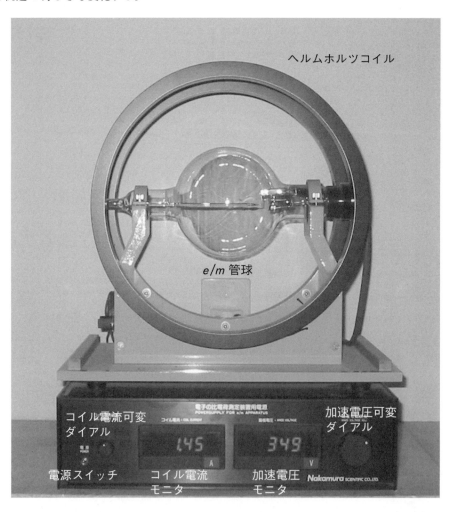

図 19.2　e/m 測定実験器 (写真上: ヘルムホルツコイルと管球，写真下: 比電荷測定用電源装置)

2. 電子の流れと磁場の関係

(a) 電子の流れに及ぼす磁場の影響を調べる。DC 150〜300 V の範囲内で加速電圧を一定にして，ヘルムホルツコイルに流れる電流をコイル電流可変ダイアルにより変える (すなわち磁場の強さを変化させる) と，電子軌道の直径がそれに応じて変化する。

(b) 電子の流れに及ぼす加速電圧の影響を調べる。磁場の強さを一定 (すなわちコイルを流れる電流を一定) にして加速電圧を変えると，この場合も電子軌道の直径がそれに応じて変化する。

3. e/m 測定

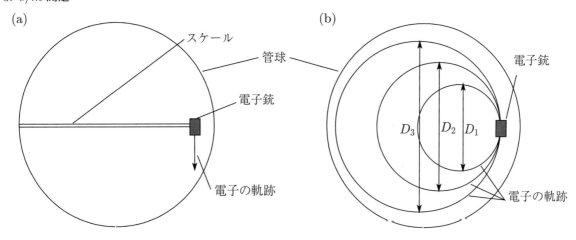

図 19.3 管球内の電子の軌跡

(a) 加速電圧を 150 V にする。

(b) コイルに流す電流を調節し，電子の軌道半径をほぼ 3.0, 4.0, 5.0 cm とする。電子の軌道半径は e/m 管球内のスケールとビーム交点の位置により決定する。

(c) このときのコイルの電流 I [A] を読み取る。

(d) 同様の測定を加速電圧 200, 250, 300 V についても行う。

(e) このようにして得られたコイル電流 I [A] と，そのときの加速電圧 V [V] および電子軌道の半径 r [m] とを基に，式 (19.5) から e/m を求める。ただし，B は

$$B = \mu_0 \left(\frac{4}{5}\right)^{\frac{3}{2}} \frac{NI}{R} \tag{19.6}$$

から計算する。ここで

μ_0 : 真空透磁率 [$4\pi \times 10^{-7}$ H/m]

B : 磁束密度 [T]

I : ヘルムホルツコイルの電流 [A]

N : ヘルムホルツコイルの巻数 [本装置では 130 回]

R : ヘルムホルツコイルの半径 [本装置では 0.15 m]

であるから

$$B = 77.9 \times 10^{-5} \times I \quad [\text{T}] \tag{19.7}$$

(f) これらの測定値は以下のような表にまとめる。

(g) 比電荷 e/m の計算にあたっては，同様の表を汎用表計算ソフト EXCEL で作成すると計算が楽である。EXCEL を用いる際には罫線などを引いてきれいな表を作ることを目的とするのではなく，表計算の機能を用いるようにする。

表の値を基に e/m の平均値を求め，その平均値と各測定条件において得られた e/m の値とを基に e/m の標準偏差 $\Delta\left(\frac{e}{m}\right)$ を求める。

最終的に実験結果は

$$\frac{e}{m} \pm \Delta\left(\frac{e}{m}\right) \quad [\text{C/kg}] \tag{19.8}$$

表 19.1 比電荷の測定結果

軌道半径 [m]	加速電圧 [V]	コイル電流 [A]	磁束密度 [T]	比電荷 [C/kg]	残差 [C/kg]	残差の 2 乗
0.03	150					
	200					
	250					
	300					
0.04	150					
	200					
	250					
	300					
0.05	150					
	200					
	250					
	300					

比電荷平均値＿＿＿＿＿＿＿　　　　　　　　　計＿＿＿＿＿＿＿

誤差 $\Delta(e/m)$＿＿＿＿＿＿＿

の形で表す。

＜参考＞

　　標準偏差 (平均 2 乗誤差)σ は，誤差 x と測定回数 n を用いて，次のように定義される値である。

$$\sigma^2 = \frac{x_1{}^2 + x_2{}^2 + \cdots + x_n{}^2}{n} = \frac{\sum x_i{}^2}{n}, \quad \text{または } \sigma = \sqrt{\frac{\sum x_i{}^2}{n}}$$

実際には，各測定値 q_i(本実験では個々の e/m の値) と真の値 q との差である誤差 x は求めることができないので，各測定値 q_i と測定値の算術平均 (平均値)$\bar{q}$ との差である残差 r_i を用いた

$$\sigma^2 = \frac{\sum r_i{}^2}{n-1}, \quad \text{または } \sigma = \sqrt{\frac{\sum r_i{}^2}{n-1}}$$

の式から求める。このようにして求めた σ が式 (19.8) の $\Delta\left(\frac{e}{m}\right)$ に相当する。詳しくは 第 2 章 2.10 誤差の計算 を参照のこと。

19.5 考察

　得られた結果について以下の点を考慮して考察せよ。

1. 得られた値は既知の値と比較してどのようなものであったか。物理定数表の値を用いて比電荷を計算することができる。実験は誤りなく行えたといえるだろうか。誤差はどのようなところから生じたと考えられるだろうか。それは測定装置の精度から考えて妥当な範囲にあるだろうか。

2. 標準偏差 $\Delta\left(\frac{e}{m}\right)$ は e/m の値に対してどのような意味をもつだろうか。標準偏差については 第 2 章 2.10 誤差の計算 1. 平均 2 乗誤差 に詳しい。

3. 管球内に見られる電子軌道の幅は，e/m の結果に影響するだろうか。

問 1 電子銃から電子が打ち出される角度が磁束密度に対して直角でない場合，電子軌道はどのようになるか考えてみよ。

実験 20.

弦の振動

20.1 目的

工学のさまざまな分野において波動現象が見られ，その理解はたいへん大事である。ここでは最も簡単な波動現象として，両端を固定した弦に発生する波を観察し，弦の振動条件や固有振動について理解を深める。

20.2 理論

1. 弦の固有振動

　図 20.1 のように両端を固定して張られた弦では，以下の固有振動数を持つ定常波が現れる。

$$f_n = \frac{n}{2l}\sqrt{\frac{T}{\rho}} = \frac{1}{\lambda_n}\sqrt{\frac{T}{\rho}} = k\sqrt{\frac{T}{\rho}} \tag{20.1}$$

　ここで，弦の長さを l [m]，張力 T [N]，弦の線密度 ρ [kg/m]，n 番目の固有振動数 f_n [Hz]，n 番目の固有振動の波長 λ_n [m]，定常波の腹の数を n，とした。また $k = \frac{1}{\lambda} = \frac{n}{2l}$ は波数と呼ばれ，単位長さあたりの波の数を表す。

　弦の長さ l，張力 T，弦の線密度 ρ を一定とすると，式 (20.1) は固有振動数 f_n が定常波の腹の数 n や波長の逆数に比例することを意味する。また，式 (20.1) の両辺を 2 乗すると

$$f_n{}^2 = \frac{n^2}{4l^2\rho}T \tag{20.2}$$

となり，$f_n{}^2$ は T に比例することがわかる。

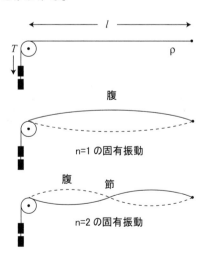

図 20.1　弦の振動

2. 共鳴

　ある振動数 (f) で振動する外力 (振幅は一定) により弦を強制的に振動させると，弦の振幅は外力の振動数に大きく依存する (図 20.2)。外力の振動数 f を変えながら弦の振幅を観察すると，弦の固有振動数 f_n の付近で弦の振幅は大きくなり，特に $f = f_n$ で振幅は最大を示す (共鳴)。共鳴を利用することにより，弦の固有振動数を調べることができる。

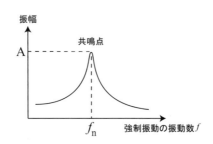

図 20.2　強制振動と共鳴

20.3　装置

1. 弦定常波発生器

　定常波発生器の構造を図 19.4 に簡単に示す。図のように，目盛板，振動板 (スピーカ，図中 B)，定滑車 (図中 A)，固定柱 (図中 C) からなる。弦の片側は，C の固定柱の 2 枚のワッシャーの間に弦を一重に巻いてネジで軽く止められている。弦の反対側は，定滑車を通しておもりにつながっており，弦の張力 T はおもりの質量で調整する。

　弦はスピーカ上のコーン上部にある穴を通して固定されており，スピーカの振動によって強制振動が引き起こされる。弦の振動部分の長さ l を調整する場合には，定滑車台の裏側のネジを緩めて滑車の位置を変える。

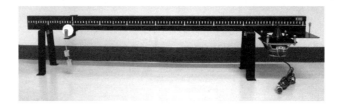

図 20.3

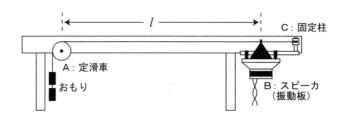

図 20.4　定常波発生器

2. 低周波発振器

　スピーカにさまざまな周波数の交流電流を流し，その振動数で強制振動させるための電源である。周波数範囲は，10 Hz〜 数 10 kHz である。周波数の設定は，周波数設定ダイヤルと周波数レンジ設定ボタンで行

う。出力は，ATTENUATOR(出力減衰器) でレンジを変えて，出力調整つまみで，微調整する。出力減衰器 (ATTENUATOR) の意味は，

(a) 0 dB：1 倍

(b) −20 dB：1/10 倍

(c) −40 dB：1/100 倍

である。

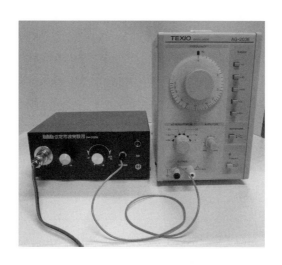

図 20.5　低周波アンプ (左) と低周波発振器 (右)

3. 低周波アンプ　低周波発振器の出力だけでは十分ではないので，アンプで増幅する。

4. おもり (4 個)　弦定常波発生器の弦の片端に下げて，弦に張力を与える。ほぼ同じ質量のおもりが 4 個ある。

20.4　方法

1. 準備

    (a) 弦の線密度を調べる。弦定常波発生器に付いている弦と同じものが実験机上においてあるので，それを適当な長さ (約 50 cm) 切り取り，電子天秤で質量を測定する。長さと質量から弦の線密度 ρ [kg/m] を求めることができる。

    (b) 弦に張力を与えるおもり (4 個) の質量を測定する。

    (c) 滑車台の裏のネジを緩め，滑車の中心とスピーカの上端の穴の距離を 70 cm になるように滑車の位置を調整する。

    (d) 最初の測定のために，弦の輪におもりを 2 個 (約 100 g) さげる。ぶら下げたおもりが実験机や装置に触れる場合には，弦定常波発生器の弦の留め金をいったんゆるめ，おもりがどこにも触れないように弦の長さを調整する。

2. 配線

    (a) 低周波発振器の出力 (バナナ端子) をアンプ (ミニステレオプラグ) に入力する。

    (b) 弦定常波発生器のスピーカからの導線をアンプに接続する。

3. 測定

    (a) 弦の固有振動数 f_n が定常波の腹の数 n に比例するかどうかを実験的に調べる。

        i. 弦の輪につけたおもり 2 個がどこにも触れていないことを確認する。

        ii. 低周波発振器の ATTENUETOR を 0dB，出力つまみ，周波数つまみを最小にしてから電源スイッチを入れる。

        iii. 低周波アンプの出力つまみ，周波数つまみを最小にしてから電源スイッチを入れる。

        iv. 低周波アンプの出力つまみを，時計の "12 時" ぐらいの位置に調整する。このとき，アンプの周波

数つまみは最小のままにする。以後，実験が終わるまで低周波アンプには触らない。

v. 低周波発振器の出力つまみを時計の"10時"くらいの位置にする。

vi. 低周波発振器の周波数をゆっくり上げていく。

vii. $n = 1$ の基本振動の振幅が最大となる振動数 f_1 を探し，振動数 (最小目盛の 10 分の 1 まで) を読み取る。このとき，振幅が 1cm 程度になるように，出力つまみを調整する。

viii. $n = 2$, $n = 3$, $\cdots$ の定常波の振動数 f_2, f_3, $\cdots$ を次々に測定し，表 20.1 のように記入していく。このとき，グラフ (縦軸：定常波の振動数，横軸：n) に測定値をプロットしながら，測定を進めていく。大きく他の測定点からそれる点があれば，再度測定し直し，再現性を確認する。このように，グラフを作成しながら測定することで，測定ミスなどにすぐに気付くことができる。n が大きくなるほど共鳴振動数を決めることが難しくなるが，$n = 6$ までは調べること。振幅の調整は低周波発振器の出力により行うが，「19.5 実験上の注意の 4」に従うこと。

ix. グラフ上のデータ点のできるだけ近くに直線をひく。さらに，式 (20.1) に ρ, l, T を代入して f_n の計算曲線を求め，その計算曲線をグラフ上に加える。

x. このグラフをエクセルを用いて作成・印刷し (清書)，レポートに添付すること。

表 20.1

n	1	2	$\cdots$(略)	5	6
f_n [Hz]			$\cdots$		

(b) $f_n{}^2$ が張力 T に比例することを実験的に調べる。

i. おもりの数を 2 個から 1 個に減らし，$n = 2$ の定常波が発生する周波数 f_2 を調べる。

ii. おもりの数を 2 個，3 個，4 個と増やし，それぞれの場合の f_2 を調べる。得られた結果は，表 2 のように記入していく。このとき，グラフの縦軸に $f_2{}^2$，横軸に T [N]($= Mg$, g は重力加速度) をとり，グラフに測定値をプロットしながら，測定を進めていく。大きく他の測定点からそれる点があれば，再度測定し直し，再現性を確認する。

iii. 得られたグラフに対し，グラフ上のデータ点のできるだけ近くに直線をひく。さらに，式 (20.2) に $\rho, l, n = 2$ を代入して f_2^2 の計算曲線を求め，実験データをプロットしたグラフに計算曲線を加える。

iv. このグラフをエクセルを用いて作成・印刷し (清書)，レポートに添付すること。

表 20.2

M [kg]		$\cdots$(略)	
f_n [Hz]		$\cdots$	
f_n^2 [Hz^2]		$\cdots$	

(c) f_n が波数 k に比例することを実験的に調べる。ここでは，弦の長さ l を変えることにより，k を変化させる。

i. おもりの数を 2 個にする。弦の長さ l が $l = 70$ cm であることを確認する。

ii. $n = 2$ の定常波が発生する周波数 f_2 を調べる。

iii. おもり側の定滑車の位置を調節し，$l = 65$ cm にする。もし，おもりが実験机などに接触する場合は，弦の固定ネジ (図 20.4 の C) をいったん緩め，おもりの高さを調整する。$n = 2$ の定常波が発生する周波数 f_2 を調べる。

iv. $l = 60$ cm, 55 cm, 50 cm と変えて，それぞれの場合の f_2 を調べる。得られた結果は，表 20.3 のように記入していく。このとき，グラフの縦軸に f_2，横軸に k [m^{-1}] をとり，グラフに測定値をプロットしながら，測定を進めていく。大きく他の測定点からそれる点があれば，再度測定し直し，再現性を確認する。

v. このグラフをエクセルを用いて作成・印刷し (清書), レポートに添付すること。

表 20.3

l_2 [m]			$\cdots$ (略)	
k [m^{-1}]			$\cdots$	
f_2 [Hz]			$\cdots$	

20.5　実験上の注意

1. ネジを強く締めすぎないようにすること。
2. スピーカは壊れやすいので, 不用意に触れないこと。
3. 配線する際は, 導線ではなく, コネクタ本体を持つこと。
4. 低周波発振器, アンプの電源を入れる前に, 出力つまみが最小になっていることを確認する。弦の定常波の振幅は定常波の腹の数 n に依存して以下のように変えること。
   (a) $n = 1 \sim 2$ のとき, 最大 1 cm 程度,
   (b) $n = 3 \sim 4$ のとき, 最大 6 mm 程度,
   (c) $n = 5$ 以上のとき, 最大 3 mm 程度

20.6　考察

得られた結果について以下の点を考慮して考察せよ。

1. 測定 3a, 3b での計算曲線が実験結果と一致していない場合, その原因について考察せよ。
2. 測定の 3c において, f_2 と k のグラフの傾きを求めよ。
3. 上で求めたグラフの傾きの単位は何か。また, この傾きの物理的意味は何か。

問 1 この実験で観察した波は横波か縦波か。
問 2 式 (20.1) において, 右辺の次元が周波数の次元に一致することを示せ。
問 3 定常波の腹の数, 波長, 波数の間の関係式を示せ。

付録 A

国際単位系 (SI) と主な物理定数

国際単位系 (SI) の基本単位

物理量	記号	名称	定義
長さ	m	(メートル)	光が真空中で 299,792,458 分の 1 秒間に進む距離
質量	kg	(キログラム)	周波数が $c^2/(6.62607015 \times 10^{-34})$ Hz の光子エネルギーと等価な質量
時間	s	(秒)	^{133}Cs の基底状態の 2 つの超微細準位間の遷移に対応する放射の 9,192,631,770 周期の継続時間
電流	A	(アンペア)	1 秒間に電気素量の $1/(1.002176634 \times 10^{-19})$ 倍の電荷が流れることに相当する電流
温度	K	(ケルビン)	1.380649×10^{-23} J の熱エネルギーの変化に等しい
物質量	mol	(モル)	$6.02214076 \times 10^{23}$ の要素粒子を含む物質量の単位
光度	cd	(カンデラ)	周波数 540×10^{12} Hz の光を放射する光源の放射強度が 1 sr あたり 683 分の 1 ワット (W) となる所定の方向の光度

国際単位系 (SI) の重要な組立単位

物理量	記号	名称	定義
平面角	rad	(ラジアン)	円の半径に等しい弧に対する中心角
立体角	sr	(ステラジアン)	球の半径の 2 乗に等しい球面上の面積に対する中心立体角
力	N	(ニュートン)	$N = kg \cdot m/s^2$
仕事	J	(ジュール)	$J = kg \cdot m^2/s^2$
仕事率	W	(ワット)	$W = J/s = kg \cdot m^2/s^3$
振動数	Hz	(ヘルツ)	$Hz = s^{-1}$
電荷	C	(クーロン)	$C = A \cdot s$

10 の整数乗倍を表す SI 接頭語

倍数	名称		記号	倍数	名称		記号
10^{-1}	deci	(デシ)	d	10^1	deka	(デカ)	da
10^{-2}	centi	(センチ)	c	10^2	hecto	(ヘクト)	h
10^{-3}	milli	(ミリ)	m	10^3	kilo	(キロ)	k
10^{-6}	micro	(マイクロ)	μ	10^6	mega	(メガ)	M
10^{-9}	nano	(ナノ)	n	10^9	giga	(ギガ)	G
10^{-12}	pico	(ピコ)	p	10^{12}	tera	(テラ)	T
10^{-15}	femto	(フェムト)	f	10^{15}	peta	(ペタ)	P
10^{-18}	atto	(アト)	a	10^{18}	exa	(エクサ)	E

主な物理定数

物理量の名称と記号		数値	単位
万有引力定数	G	6.673×10^{-11}	$\text{N·m}^2/\text{kg}^2$
真空中の光速度 (定義値)	c	2.99792458×10^8	m/s
素電荷	e	$1.602176462 \times 10^{-19}$	C
真空の誘電率	$\varepsilon_0 = 10^{-7}/4\pi c^2$	$8.854187817 \times 10^{-12}$	F/m
真空の透磁率	$\mu_0 = 4\pi \times 10^{-7}$	$1.2566370614 \times 10^{-6}$	$\text{H/m} = \text{N/A}^2$
プランク定数	h	$6.62606876 \times 10^{-34}$	J·s
ディラック定数	$\hbar = h/2\pi$	$1.054571596 \times 10^{-34}$	J·s
磁束量子	$\Phi_0 = h/2e$	$2.067833636 \times 10^{-15}$	Wb
ボーア半径	$a_0 = 4\pi\varepsilon_0\hbar^2/m_e e^2$	$5.291772083 \times 10^{-11}$	m
ボーア磁子	$\mu_\text{B} = e\hbar/2m_e$	$9.27400899 \times 10^{-24}$	J/T
核磁子	$\mu_\text{N} = e\hbar/2M_p$	$5.05078317 \times 10^{-27}$	J/T
陽子の質量	M_p	$1.67262158 \times 10^{-27}$	kg
電子の質量	m_e	$9.10938188 \times 10^{-31}$	kg
リュードベリ定数	$R_\infty = m_e e^4/8\varepsilon_0^2 h^3 c$	$1.0973731568548 \times 10^7$	1/m
原子質量単位	u	$1.66053873 \times 10^{-27}$	kg
アボガドロ数	N_A	$6.02214199 \times 10^{23}$	1/mol
理想気体のモル体積		2.2413996×10^{-2}	m^3/mol
ボルツマン定数	k	$1.3806503 \times 10^{-23}$	J/K
ファラデー定数	$F = N_\text{A}e$	9.64853415×10^4	C/mol
気体定数	$R = N_\text{A}k$	8.314472	J/(K·mol)
水の三重点		273.16	K
セルシウス温度の零点		273.15	K

ギリシャ文字

小文字	大文字	読み	小文字	大文字	読み	小文字	大文字	読み
α	A	アルファ	ι	I	イオタ	ρ	P	ロー
β	B	ベータ	κ	K	カッパ	σ	Σ	シグマ
γ	Γ	ガンマ	λ	Λ	ラムダ	τ	T	タウ
δ	Δ	デルタ	μ	M	ミュー	υ	Υ	ウプシロン
ϵ	E	イプシロン	ν	N	ニュー	ϕ	Φ	ファイ
ζ	Z	ゼータ	ξ	Ξ	クシー	χ	X	カイ
η	H	エータ	o	O	オミクロン	ψ	Ψ	プサイ
θ	Θ	シータ	π	Π	パイ	ω	Ω	オメガ

あとがき

　学生実験 (授業としての実験) を履修する意味はどのようなところにあるのだろうか。理由となる学生実験の目的を列挙してみると

1. 講義内容の確実な理解
2. 実験手法の習得
3. データ整理方法の習得
4. 実験結果に対する考察方法の習得
5. わかりやすい報告書 (実験レポート) の作成方法とプレゼンテーション方法の習得

などがある。これらはそれぞれ独立したものでなく相互に関連しており，どれか一つが欠けても十分な結果を残すことは難しい。さらに，実験は一人で行うことが困難な場合が多く，また，実験そのものは一人でできてもその結果をパートナーと議論することで理解が一層深まる。1 つのグループとして協力して 1 つの作業を進めていくことも学生実験を履修する重要な理由である。このような目的は一朝一夕に達成することはできないが，大学 1, 2 年次に履修する物理学実験は，これらの目的達成の端緒となるものである。高等学校までの初等中等教育の中では，実験を通して理解を深めていくような授業が次第に少なくなっているときく。このような中で大学 1, 2 年次に実施する学生実験の重要さは，今後一層増していくと考えている。

　一方，実験テーマを学生に供給していく教員にとっても，上記の目的は常に考えていなければならない課題である。理科，特に物理を履修する高校生が減少する中で，学生の興味を引く基本的な実験テーマはどのようなものか，そして，どのような指導方法が学生の理解を促すのかは教員にとっての永遠のテーマであろう。今後，本書に対する批判や意見を寄せていただき，継続した改善を図っていきたいと思っている。

　本書は昭和 48 年以来「室蘭工業大学物理学研究室編」として刊行された「物理学実験」を基にしている。これまで室蘭工業大学において物理学実験に関わった多くの方々の努力に敬意を表したい。また，本書の刊行にあたっては，学術図書出版社　発田孝夫氏に大変お世話になった。同氏の協力がなければこのような形で刊行されることはないと思っており，改めてお礼申し上げたい。

(平成 20 年 1 月　H.T. 記)

　エックス線の回折と干渉に関するテーマを新たに加えた。また，他のいくつかのテーマについて学生と教員からのフィードバックを反映し，改善を図った。

(平成 25 年 1 月)

物理学実験担当グループ*

高野　英明

桃野　直樹

雨海　有佑

浅野　克彦

本藤　克啓

---

* 室蘭工業大学 理工学基礎教育センター

物理学実験　第2版

2008 年 3 月 31 日	第 1 版　第 1 刷　発行
2009 年 3 月 31 日	第 1 版　第 2 刷　発行
2011 年 3 月 31 日	第 2 版　第 1 刷　発行
2024 年 2 月 25 日	第 2 版　第 10 刷　発行

編　　者　　室蘭工業大学
　　　　　　物理学実験担当グループ
発 行 者　　発 田 和 子
発 行 所　　株式会社　学術図書出版社
〒113−0033　東京都文京区本郷 5 丁目 4 の 6
TEL 03−3811−0889　振替 00110−4−28454
印刷　三和印刷 (株)